Excelによる
統計解析入門

市川 博・本多 薫
中藤 哲也・本間 学 著

日本教育訓練センター

まえがき

著者らは長年、企業や大学・短大で統計学を基本としたデータ解析の教育を行ってきた。数学的な説明だけでは実感として統計学の考え方を理解することが難しく、統計学とは難解なものだという印象を持つ受講者が多いと感じている。一方で、統計学は社会科学や自然科学の分野で必要性が高く、統計的処理の方法は急速に発展した。実務家にとってはアンケートの集計分析をはじめ品質管理など、得られた情報から客観的で有効な意思決定を行うために必要な道具として重要なものとなってきた。適用範囲が広がるにつれ、統計的方法も高度化し複雑になってきているが、ある事象から客観的に情報を導き、意思決定するための道具として重要な考え方は、単純で共通部分が多い。

本書は、2009年に発行した「データ処理入門　-Excelによる統計解析-」をベースに、加筆訂正を行った。特にMicrosoft-Excelを用いた処理については、現行のバージョンに合わせるように修正を加えた。執筆方針には変更はなく、理論的な側面を強調することは避け、実務に活用することに重点を置いた。例題を中心に手法を解説し、演習を行うことで理解していけるように構成した。さらに、各章で学習する統計処理を、表計算ソフトMicrosoft-Excelを用いて行う方法を解説し、実務に活用できるように配慮した。1章では、データ処理の目的およびグラフを中心にデータを視覚化する方法を解説した。また、アンケート調査では欠かせないクロス集計の方法を解説した。2章では、データ処理では欠かせない母集団を推定するための指標を解説し、統計処理へ導入する。3章では統計処理のために必要な確率の知識を整理し、代表的な確率分布である2項分布と正規分布の性質を中心に解説した。4章では点推定、区間推定の考え方を、5章では様々な仮説検定の考え方を、6章では相関と回帰の考え方を解説した。本テキストで、処理の手順を把握していくことで、その手法の意味を理解し、適切な手法を実務で利用できるようになれば幸いである。

2019年8月

著者

目　　次

1章　統計処理と分布の視覚化

1.1　統計処理の役割

統計処理の方法は生物学や社会科学を中心に発展応用されてきた。近年、自然科学や工学の分野でも必要性が増加し、統計的処理は急速に発展した。実務家にとっても、得られた情報から、客観的で有効な意思決定を行うために必要な道具として重要なものとなってきた。適用範囲が広がるにつれ､統計的方法も高度化し複雑になってきているが､ある事象から客観的に情報を導き、意思決定するための道具として重要な手法は、単純で共通部分が多い。

ある事象に対する認識のプロセスを考えると以下のようになる。例えば、対象とする事象として政党支持率を考えると、全有権者を対象に調査するのは現実的ではない。したがって、事象を代表するような標本（サンプル）として一定量の有権者を抽出する（ここでも、統計的手法が適用される)。標本に対してアンケート（測定）を行いデータを得る。データを集計分析し政党支持率という情報を得ることが可能となる。

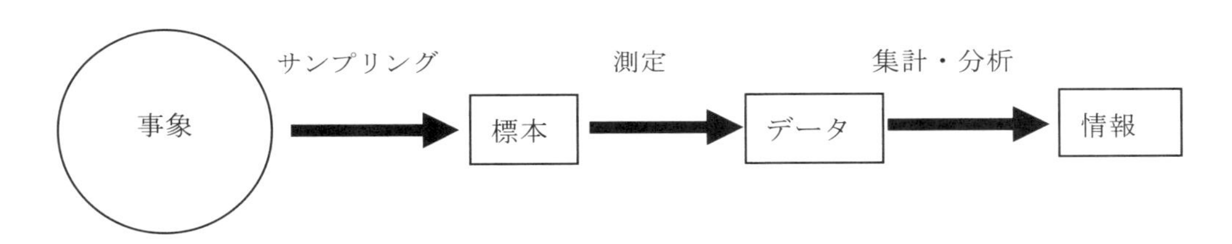

図 1.1　事象の認識プロセス

1.2　データと母集団

1.2.1　母集団と標本

ある事象から、例えば同一方法で製作された製品の長さを考えると、測定されたデータは一定の数値を取らずにばらつきを持つことが知られている（これを分布するという)。これは、測定したデータは、事象の持っている真の値ではなく、測定の誤差や標本の取り方による誤差などのばらつきを含んだ値だからである。

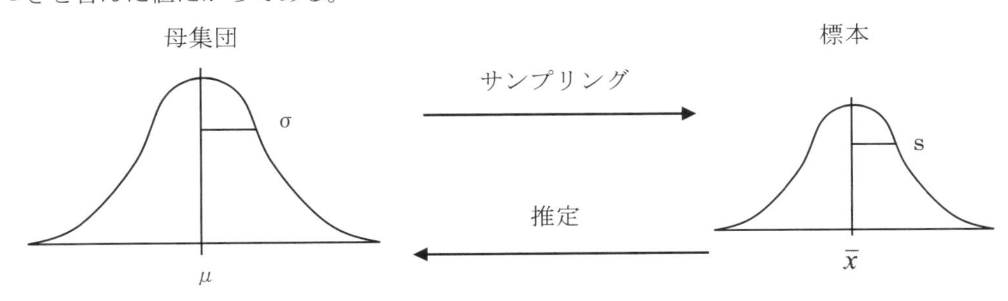

図 1.2　母集団と標本

母集団に含まれる事象の数が膨大な場合には、母集団の性質をすべての事象を測定して求めるのは不可能である。したがって、母集団の性質を、中心としての平均μと、ばらつきとしての標準偏差σとして捉えるために、サンプリングによって標本を抽出し、測定によりデータを得る。データから平均$\bar{x}$と標準偏差sを計算し母集団の平均μと標準偏差σを推定する。一方、母集団に含まれる事象のすべてを測定することができればデータから計算された$\bar{x}$とsは母集団のμとσに等しくなる。ここでは、前者の母集団を無限母集団、後者を有限母集団として捉えることとする。

母集団の大きさ

有限母集団 … 母集団の大きさが有限である母集団

無限母集団 … 母集団の大きさが無限大であると見なせる母集団

$$\frac{\text{標本の大きさ}}{\text{母集団の大きさ}} = \frac{n}{N} \fallingdotseq 0 \quad (N \gg n)$$

実用上は $N \geqq 10n$ であれば無限母集団として処理する場合が多い。

1.2.2 データの種類

母集団の性質を表すデータの種類は、計量値（連続型変数）と計数値（離散型変数）の２種類に分類できる。計量値とは、長さ、温度、重さなど測定値として得られる値であり、ある区間内の任意の値を取りうる連続な変数である。一方計数値とは、事故数、不良数、件数など個数として数えられる値であり、整数値で表される不連続な変数である。ただし、計数値を計数値で割って率を求めた場合（不良率、支持率など）は、整数値とはならないが、計算によるものであり、データの性質から明らかなように、計数値として扱う。

データの種類

計量値 … 連続量で測れる値＝連続型変数 （温度、長さ、重量）

計数値 … 個数で数えられる値＝離散型変数 （人数、事故数、不良数）

1.2.3 サンプリング（標本の抽出）

分析の対象となる母集団から、標本（サンプル）を抽出し、そのデータをもとに、母集団を推定することを考えると、標本の抽出方法が非常に重要となる。

母集団から標本として、幾つかを抽出する作業をサンプリングと言う。母集団の特定の場所や位置に偏ってサンプリングしたり、できの良さそうなものを選んでサンプリングすると、母集団の特性を正しく推定することはできない。母集団の性質を正しく推定するサンプルを抽出するためには、母集団から無作為にサンプルを取るランダムサンプリングを行う。ランダムサンプリングを行うには、以下の方法をとる。

①　乱数表や乱数サイなどを用いて抽出するサンプルを決める。

②　混ぜ合わせが可能なものは、十分に混ぜ合わせてからサンプルを抽出する。

大量に生産される製品や全国的なアンケート調査のように、母集団の規模が大きくなると、ランダムサンプリングを実施するのが困難になる場合がある。そのためのサンプリングの方法が開発されているが、ここでは省略する。

1.3　データのグラフ化

グラフは、データのもつ意味を視覚的に図にしたものである。データを取ったら、まずグラフ化して見ることにより、そのデータが示す大まかな意味を知ることができる。

基本的なグラフには、折れ線グラフ、棒グラフ、円グラフがあり、その他にパレート図、レーダーチャート、帯グラフ、層グラフなどさまざまなものがある。それぞれのグラフを使用する主な目的として以下があげられる。折れ線グラフは時系列の変化、棒グラフは項目間の比較、円グラフはある項目の内訳を把握するために用いられる。パレート図は、品質管理の領域で、不良の発生状況の把握などに用いられる。不良を原因別に分け、発生頻度の高い順に棒グラフにし、さらに累積比率を線グラフで表すことで、発生頻度の高い項目を発見することができる。

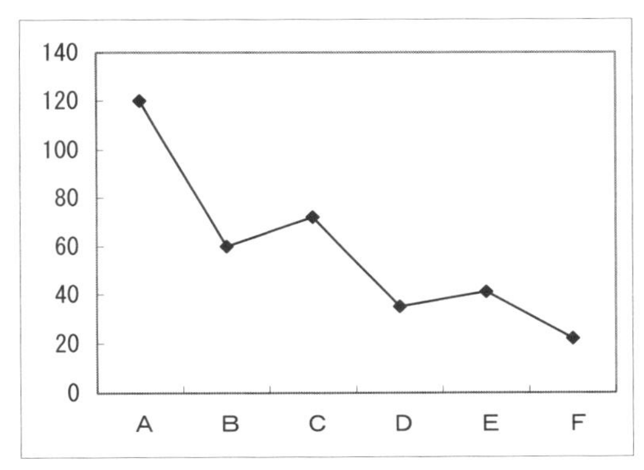

折れ線グラフ

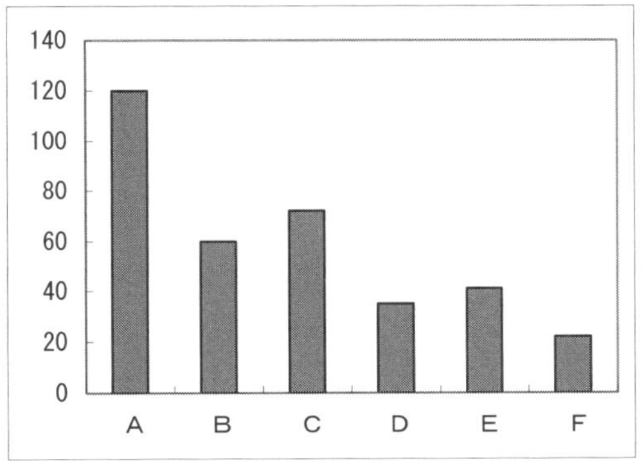

棒グラフ

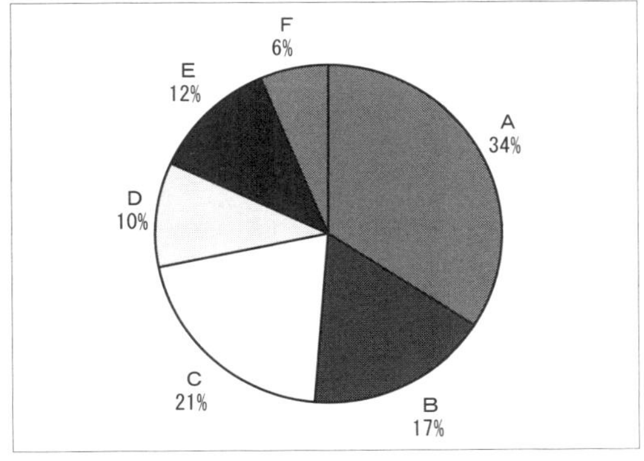
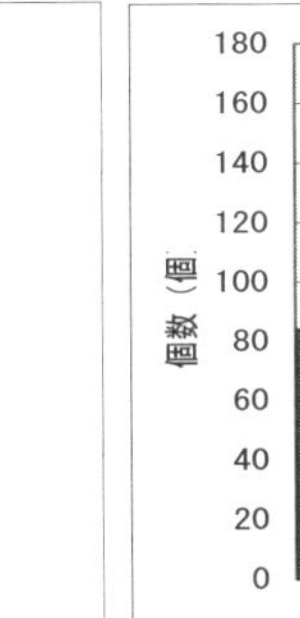

円グラフ

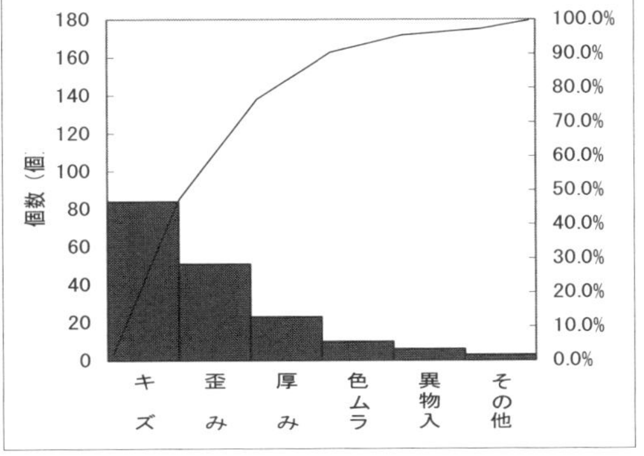

パレート図

図1.3　グラフの種類

Excel による演習

分析ツールの準備

表計算ソフト Microsoft Excel を用いて本文中の処理を行う方法を解説する。Excel に備わっている関数を使って行う処理と、Excel のアドイン機能である「分析ツール」を使って行う処理を紹介している。「分析ツール」を使用する場合は、以下の手順でアドインとして使用できる状態に設定することが必要となる。

・Excel のメニューより［ファイル－オプション］を選択する。
・「Excel のオプション」メニューより［アドイン］を選択する。
・「アドイン」のリスト中「分析ツール」を選択し［設定(G)］をクリックする。
・「有効なアドイン」のリスト中の「分析ツール」にチェックを付け、[OK] をクリックする。
・Excel のメニュー［データ］の中に「データ分析」が登録される。

グラフの作成

例題 1.1 右のような表を作り、線グラフを作成する。

	A	B	C	D	E	F	G
1	製品別生産量(台数)						
2		4月	5月	6月	7月	8月	9月
3	A製品	1,010	900	1,100	1,500	1,200	1,050
4	B製品	800	620	950	1,150	1,000	800
5	C製品	600	520	620	710	800	720

・グラフを作成するデータ範囲（セル A2～G5）を選択する。
・Excel のメニューより［挿入］をクリックする。
・グラフで「折れ線」をクリックし「マーカー付き折れ線」を選択する。
・グラフが作成される。
・［グラフのレイアウト］で「レイアウト 1」を選択し、以下のように表題、数値軸、項目軸タイトルを入力する。

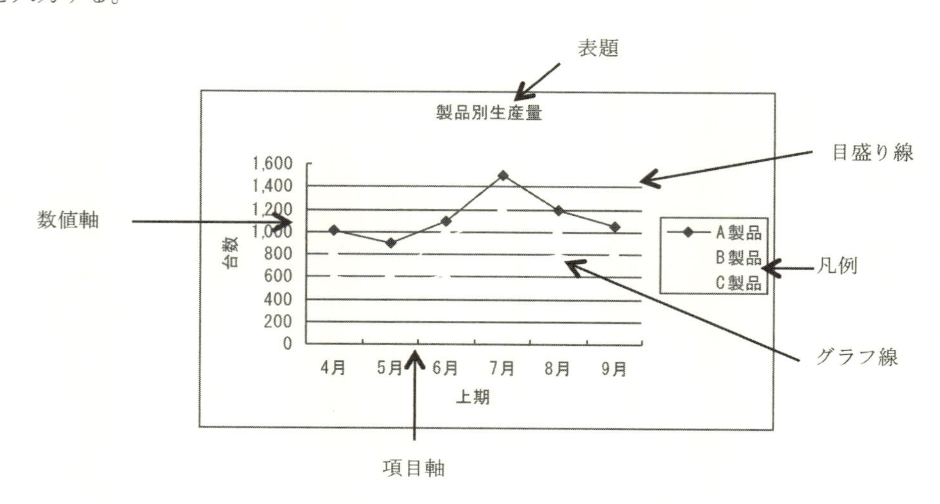

例題1.2　例題１のデータで棒グラフを作成する（月を項目として考える）。

・グラフで「縦棒」をクリックし「2-D縦棒」の「集合縦棒」を選択する。

例題1.3　例題１のデータで4月～9月の合計を求め、製品の内訳の分かる円グラフを作成する。
＊データ選択で、離れた列を選択するには、「CTRL」キーを押しながら、ドラッグする。

・グラフで「円グラフ」をクリックし「2-D円」の「円」を選択する。

例題1.4　パレート図の作成

右はある製品の不良項目を調査した表である。個数から累計個数、累計比率を求めパレート図を作成する。

	A	B	C	D
1	不良の原因			
2	不良項目	個数	累計	累計比率
3	キズ	125	125	48.6%
4	歪み	68	193	75.1%
5	厚み	35	228	88.7%
6	色ムラ	16	244	94.9%
7	異物混入	8	252	98.1%
8	その他	5	257	100.0%

・不良項目と個数、累計比率を選択する。
・「縦棒グラフ」を作成する。
・累計比率の縦棒を右クリックし、メニューから［データ系列の書式設定(F)］を選択する。
・「系列のオプション」で、「使用する軸」の「第２軸（上／右側）(S)」をチェックする。
・累計比率の縦棒を右クリックし、メニューから［系列グラフの種類の変更(Y)］を選択し、「グラフの種類の変更」メニューから「マーカー付き折れ線」を選択する。
・他のグラフと同様に、データ範囲、項目タイトル等を入力する。

1.4　度数分布図（ヒストグラム）

母集団の性質であるデータの中心位置やばらつきの状態（分布）を視覚的に把握するために度数分布図（ヒストグラム）が用いられる。

例題 1.5　以下のような体重のデータからヒストグラムを作成する。

体重データ(n=50)

57	80	48	62	50
38	65	49	45	62
47	50	68	39	55
52	76	38	52	48
67	58	35	52	76
54	56	56	34	68
61	57	37	50	45
61	53	55	74	82
65	49	35	28	74
82	54	43	72	55

全体データから最大値、最小値を求め、度数を数える階級（データを分類する区間）を決める。階級の数（棒グラフの数）はデータ数から 4 〜20 の範囲で決める。表 1.1 に階級の数のめやすを示す。ここでは、データ数 n=50、最小値 min=28、最大値 max=82 なので、階級の最小値を 20、階級の幅を 10 として階級数は 7 とする。以下のような度数分布表（表 1.2）を作成しデータの度数をカウントする。これを度数分布表という。中央値と度数で棒グラフを作成する。

表 1.1　階級数のめやす

データ数	階級の数
〜 25	4 〜 6
25 〜 100	6 〜 10
100 〜 250	7 〜 12
250 〜	10 〜 20

表 1.2　度数分布表

階級	中央値	度数
20＜X≦30	25	1
30＜X≦40	35	7
40＜X≦50	45	11
50＜X≦60	55	14
60＜X≦70	65	9
70＜X≦80	75	6
80＜X≦90	85	2

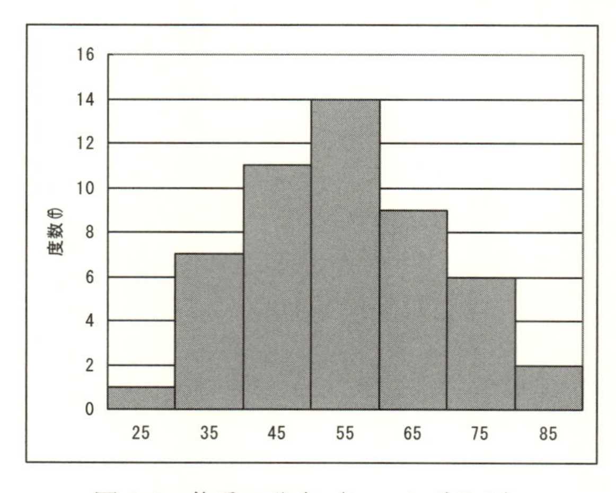

図 1.4　体重の分布（ヒストグラム）

Excelによる演習

ヒストグラムの作成

例題 1.6　例題 1.5 のデータを用いて Excel によりヒストグラムを作成する。

(1)ヒストグラムツールの実行

・Excel のリボン(メニュー)より[データ]を選び、[分析]グループから[データ分析]を選択する。
（上記のメニューが見つからない場合、次の手順で分析ツールをセットアップする。
メニューの[ファイル]を開き、左下部の[オプション]から Excel のオプションを開く。
[アドイン]メニューで開いた画面の下部、[管理(A):]を"Excal アドイン"にして[設定(G)]をクリック、"□分析ツール"にチェックを入れて、[OK]をクリック。)

・[データ分析]ダイアログボックスの[ヒストグラム]を選択し、[OK]をクリックすると、[ヒストグラム]ダイアログボックスが開く。

(2)各設定事項の入力

・各入力ボックスに必要事項を入力し、[OK]をクリックする。

－[入力元]

・入力範囲 → (ラベル行がある場合はラベル行も含めて指定する)

・データ区間 → (同上)

・ラベル → ラベル行を含めて指定した場合はチェックする

－[出力オプション]

・[出力先]オプションを ON にし、シート上の適当なセルを選択する

・[グラフの作成]をチェックし [OK]

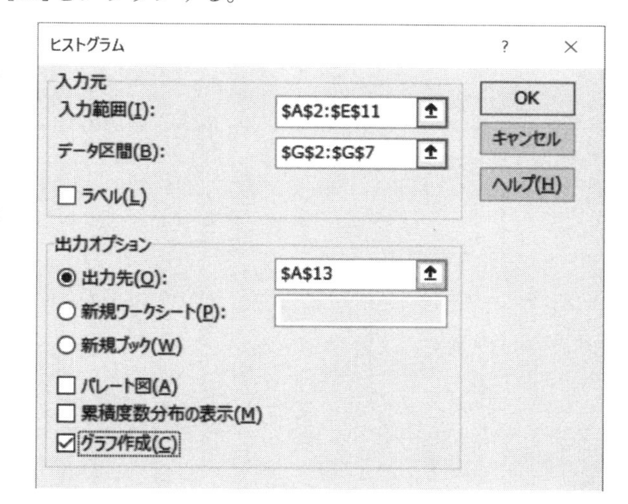

＊新規シートを挿入してグラフを作成する場合は、[新規又は次のワークシート]をチェックする。

＊累積度数分布の表示をチェックすると、線グラフで表示される→パレート図の場合によく使用される)

(3)グラフの編集

・データ区間の中で「次の級」とは、データ区間で指定した最大値より大きい区間のことである。

・ヒストグラムでは棒グラフの棒の間隔がないのが一般的である。グラフ上の棒を右クリックし、メニューから［データ系列の書式設定－系列オプション］で「要素の間隔」を「0%」にする。

・さらに［データ系列の書式設定－枠線］で「線(単線)」を選ぶと、棒の枠線が表示される。

	A	B	C	D	E	F	G	H	I
1									
2	57	80	48	62	50		30		
3	38	65	49	45	62		40		
4	47	50	68	39	55		50		
5	52	76	38	52	48		60		
6	67	58	35	52	76		70		
7	54	56	56	34	68		80		
8	61	57	37	50	45				
9	61	53	55	74	82				
10	65	49	35	28	74				
11	82	54	43	72	55				
12									
13	データ区間	頻度							
14	30	1							
15	40	7							
16	50	11							
17	60	14							
18	70	9							
19	80	6							
20	次の級	2							
21									
22									

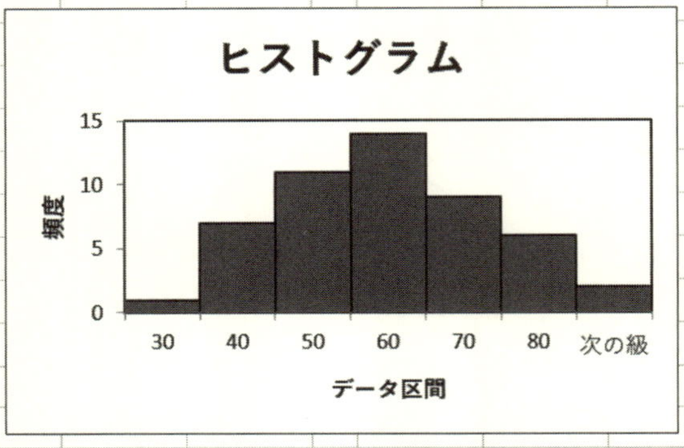

［参考］ 通常ヒストグラムの項目軸(X軸)の表示は、中心値で行うが(160～165→162.5)、Excelでは右境界値で表示される（変更はデータ区間の数値を書き換える)。

Frequency 関数の使用

分析ツールを用いるのではなく、度数分布表をFrequency関数で作成し、そのデータをもとに棒グラフを作成することでヒストグラムを作成する方法を以下に示す。

・累積頻度を表示するセル範囲（データ区間より1つ多いセル）をドラッグし選択する。
・関数貼り付けボタンをクリックし、分類から統計を選択し関数名Frequencyを選択する。
・［データ配列］にデータ範囲を、区間配列に区間範囲を指定する（ラベルは除く)。
・［Ctrl］＋［Shift］＋［Enter］を同時に押す（配列計算の機能)。
・計算式が例えば「{=FREQUENCY(C5:C29,F11:F16)}」となり中カッコが挿入され、出現頻度を表示する。
・求められた出現頻度からグラフ機能で棒グラフを作成する。

演習 1.1 身近なデータを用いて(データ数50以上)、Excelによりヒストグラムを作成せよ。

2章　分布の数値化

2.1　標本データの数値化

ヒストグラムにより、母集団の分布（中心的傾向とばらつきの大きさなどの状態）を視覚的に把握することができる。しかし、分布に関するより正確で客観的な情報は、その特徴を数量的に記述することにより得ることができる。ここでは、ヒストグラムの中心的位置を表す特性値と、広がりを表すばらつきの特性値を考える。

2.1.1　中心的傾向

(1) 算術平均

ある母集団からn個の標本をとり、その値を $x_1, x_2, \cdot\cdot\cdot, x_n$ で表すとき、標本の平均値 $\bar{x}$ は以下で与えられる。

$$\bar{x} = \frac{1}{n}\sum x_i$$

(2) メジアン（中央値）

1組の測定値をソートし、その中央にある値（偶数の場合は中央2値の平均）。

(3) モード（最頻値）

1組の測定値で最も度数の大きい値。

> **例題 2.1**　以下のデータから、平均、メジアン、モードを求めよ。
> 5, 10, 15, 15, 20, 25, 25, 25, 30, 30

平均値　$\bar{x} = \frac{1}{n}\sum x_i = \frac{5+10+...+30}{10} = 20$

メジアン　(20+25) / 2=22.5

モード　25

2.1.2　分布のばらつき

(1) 範囲 R

1組の測定値で最大値と最小値の差で求められ、計算が簡単で容易に求められるが、データ数が増えれば範囲も増えるという欠点がある。

$$R = \max(x) - \min(x)$$

(2) 平均偏差

個々のデータが平均値からどのくらい離れているか（距離）をデータ1個あたりに換算したも

の。分かりやすくデータのばらつきを客観的に表すが、数学的に絶対値は扱いが煩雑である。

$$\frac{1}{n}(|x_1-\bar{x}|+|x_2-\bar{x}|+........+|x_n-\bar{x}|)$$
$$=\frac{1}{n}\sum(|x_i-\bar{x}|)$$

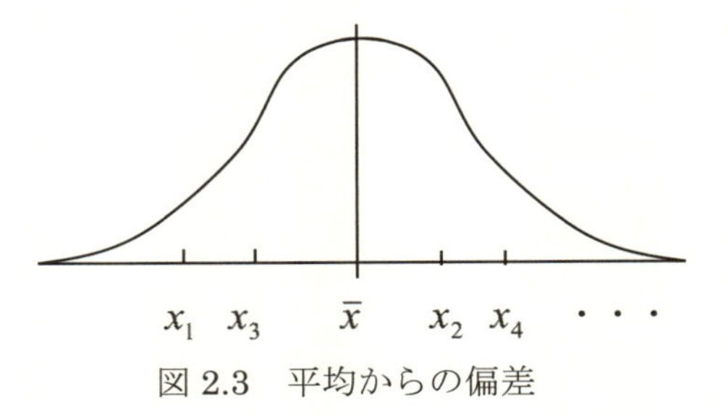

図 2.3　平均からの偏差

(3) 偏差平方和 S

平均偏差と同様に、個々のデータと平均の距離の合計を求めるが、負の値をキャンセルするために絶対値を用いるのではなく、数学的に扱いが楽な平方（２乗）を用いる。

> **偏差平方和 S**
> $$S=(x_1-\bar{x})^2+(x_2-\bar{x})^2+.......+(x_n-\bar{x})^2$$
> $$=\sum(x_i-\bar{x})^2$$

(4) 分散

偏差平方和をデータ数で割り、データ１個あたりの平均からの距離としたものである。母集団そのものの分散である母分散（有限母集団ですべてのデータを対象に求めた分散）と、母集団から取られた標本から計算し、統計的推論に用いる分散である標本分散（無限母集団を対象とする場合）がある。

> **母分散 σ^2**
> $$\sigma^2=\frac{S}{n}=\frac{1}{n}\sum(x_i-\bar{x})^2 \qquad (\bar{x}=\mu)$$

> **標本分散 $V=s^2$**
> $$s=\frac{S}{n-1}=\frac{1}{n-1}\sum(x_i-\bar{x})^2$$

＊標本分散で分母が n−1 を用いる理由は４章で述べる。

(5) 標準偏差

分散は、個々のデータと平均の距離は２乗倍されている。したがって、平方根を取ることで、元の測定値の単位と等しくする。分散同様母標準偏差と標本標準偏差がある。

> 母標準偏差 σ
> $$\sigma=\sqrt{\frac{S}{n}}=\sqrt{\frac{1}{n}\sum(x_i-\bar{x})^2} \qquad (\bar{x}=\mu)$$

標本標準偏差 s

$$s = \sqrt{\frac{S}{n-1}} = \sqrt{\frac{1}{n-1}\sum(x_i - \bar{x})^2}$$

例題 2.2　以下のデータから母標準偏差を求めよ。

（1）　4, 5, 6, 7, 8

（2）　2, 4, 6, 8, 10

(1) $S = (4-6)^2 + (5-6)^2 + (6-6)^2 + (7-6)^2 + (8-6)^2 = 4 + 1 + 0 + 1 + 4 = 10$

$$\sigma = \sqrt{\frac{S}{n}} = \sqrt{\frac{10}{5}} = \sqrt{2} \simeq 1.414$$

(2) $S = (2-6)^2 + (4-6)^2 + (6-6)^2 + (8-6)^2 + (10-6)^2 = 16 + 4 + 0 + 4 + 16 = 40$

$$\sigma = \sqrt{\frac{S}{n}} = \sqrt{\frac{40}{5}} = \sqrt{8} = 2\sqrt{2} \simeq 2.828$$

標準偏差の意味

例題 2.2 で、(2)のデータの標準偏差は(1)のデータの２倍　→　ばらつきが２倍大きい

(6) 偏差平方和の数値計算

偏差平方和は算術平均値を計算式に使用しているため、桁落ちにより精度が落ちる。一般に数値計算を行う場合は以下の計算式を使用する。

$$S = \sum(x_i - \bar{x})^2 = \sum(x_i^2 - 2x_i\bar{x} + \bar{x}^2) = \sum x_i^2 - 2\bar{x}\sum x_i + n\bar{x}^2$$

$\bar{x} = \frac{\sum x_i}{n}$ なので

$$= \sum x_i^2 - 2\frac{(\sum x_i)^2}{n} + n\frac{(\sum x_i)^2}{n^2}$$

$$= \sum x_i^2 - \frac{(\sum x_i)^2}{n}$$

データの２乗和とデータの和の２乗で計算される（算術平均は使わない）。

演習 2.1　次のデータについて下記の数値を求めよ。

6, 9, 7, 9, 5, 6

(1) 偏差平方和 S

(2) 標本標準偏差 s

(3) メジアン

Excel による演習

基本統計量

例題 2.3　例題 2.2 を Excel で計算する。

・右のように表を作成し、計算式を設定する。
・B 列のデータを例題 2.2 の (b) に入れ替えて結果を確認する。

	A	B	C	D	E	F	G
1		D1	(D1－平均)	(D1－平均)^2			
2		4	=B2−$B$8	=C2^2			
3		5	↓	↓			
4		6					
5		7					
6		8					
7	合計	=SUM(B2:B6)		=SUM(D2:D6)			
8	平均	=AVERAGE(B2:B6)		=D7/5	←母分散		
9				=SQRT(D8)	←母標準偏差(SQRT(母分散))		

例題 2.4　次のデータについて下記の数値を Excel の関数を用いて求めよ。

6, 8, 7, 10, 5, 6

(1)母分散、母標準偏差

(2)標本分散、標本標準偏差

・ワークシートに以下の関数を用いて基本統計量を計算する。

	A	B	C	D	E	F
1	data		基本統計量			Excelの関数
2	6		平均値	7	←	=AVERAGE(B2:B7)
3	8		中央値(メジアン)	6.5	←	=MEDIAN(B2:B7)
4	7		最頻値(モード)	6	←	=MODE.SNGL(B2:B7)
5	10		母分散	2.667	←	=VAR.P(B2:B7)
6	5		母標準偏差	1.633	←	=STDEV.P(B2:B7)
7	6		標本分散	3.2	←	=VAR.S(B2:B7)
8			標本標準偏差	1.789	←	=STDEV.S(B2:B7)

例題 2.5　上記のデータを用いて分析ツールにより基本統計量を求めよ。

・[ツールー分析ツール]から「基本統計量」を選択する。
・入力元の設定事項の入力
　入力範囲　→　データの範囲を設定
　データ方向　→　今回は列
　先頭行をラベルとして使用　→　データを項目名まで指定した場合はチェック
・出力オプションの設定
　出力先　→　同一シートの場合に先頭のセルを指定

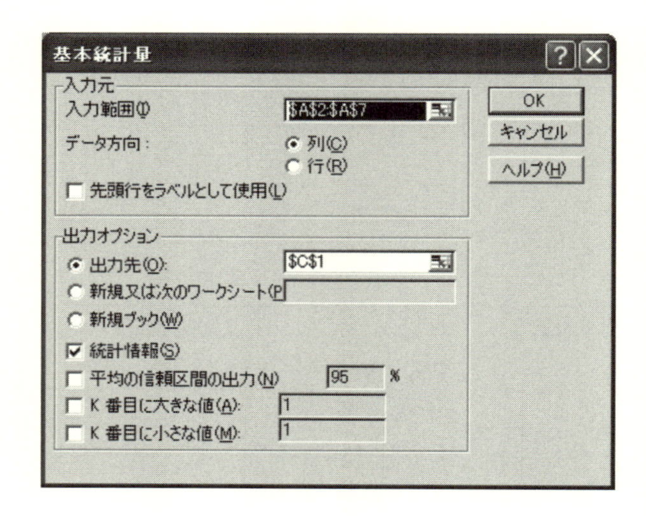

統計情報　→　必ずチェック
（その他のチェックは外しておく）

［参考］　分布の形

・ 尖度(せんど)：度数分布をグラフ表示したときの頂上部分の鋭さを数値化したもの。KURT 関数で求める。裾を長く引いて中央が尖った形であれば値は大きくなり、中央が平らで両端がストンと落ちた形になっていれば値は小さくなる。きれいな富士山型分布のとき 0 になる。
・ 歪度(わいど)：度数分布をグラフ表示したときの平均値周辺での左右対象の度合いを数値化したもの。SKEW 関数で求める。右に裾を引いていれば正の値、左に裾を引いていれば負の値になる。左右対称の分布では 0 となる。

2.2　クロス集計

2.2.1　クロス集計表

調査票調査（アンケート用紙による調査）から得られた複数の質問項目を組み合わせて集計する手法に、クロス集計がある。２つの質問項目をクロス集計する方法を例に説明する。
例えば、次のような２つの質問項目があるとする。

質問１　あなたの性別を教えてください。　１　男性　　２　女性
質問２　あなたは今の内閣を支持しますか。　１　支持する　　２　支持しない

この２つの質問項目についてクロス集計表を作成すると、表 2.1 のようになる。
表 2.2 は各列の合計で割ったものであり、内閣を支持する有無での男女比を見ることができる。また、表 2.3 は各行の合計で割ったものであり、各性別での支持する者と支持しない者の比を見ることができる。最後に、表 2.4 は全体の合計で割ったものであり、２つの質問項目における選択肢の組み合わせに差違があるのかを見ることができる。

表 2.1　クロス集計表（性別と内閣支持の関係）

	支持する	支持しない	合計
男性	１５０	３５５	５０５
女性	２８６	１１８	４０４
合計	４３６	４７３	９０９

表 2.2　クロス集計表（１）

	支持する	支持しない
男性	34.4%	75.1%
女性	65.6%	24.9%
合計	100.0%	100.0%

表 2.3　クロス集計表（２）

	支持する	支持しない	合計
男性	29.7%	70.3%	100.0%
女性	70.8%	29.2%	100.0%

表 2.4　クロス集計表（3）

	支持する	支持しない	合計
男性	16.5%	39.1%	55.6%
女性	31.5%	13.0%	44.4%
合計	48.0%	52.0%	100.0%

2.2.2　クロス集計表のグラフ化

クロス集計表をグラフ化するポイントは、層別グラフを用いることである。

図 2.4 は性別および内閣を支持する有無で層別した棒グラフである。このグラフより、男性は内閣を支持しない者が多く、逆に女性は内閣を支持する者が多いことが分かる。また、図 2.5 は性別および内閣を支持する有無で層別した帯グラフである。このグラフより、性別により内閣の支持に違いがあることが分かるとともに、女性よりも男性のほうが、データ（回答した人数）が多いことも分かる。

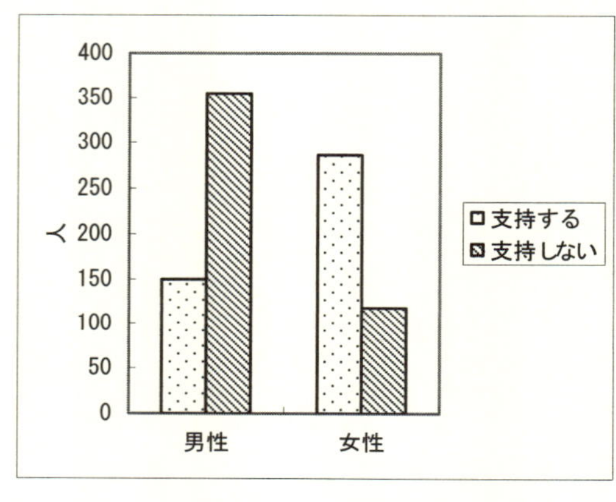

図 2.1　棒グラフ

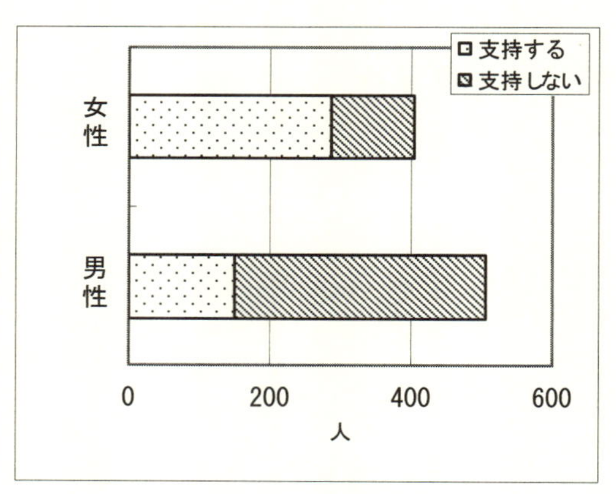

図 2.2　帯グラフ

■■■■■■■■■■■■■ Excel による演習 ■■■■■■■■■■■■■

クロス集計（ピボットテーブル）

Excel でクロス集計を行うにはピボットテーブルという機能を使用する。

例題 2.6　以下のデータを使い性別により新聞を読む割合に違いがあるか調べなさい。

・データを以下の表のように入力する（一般的にはアンケートの番号を使い、数字で入力することが多いが、今回は分かりやすくするために、文字で入力している）

・データ表のどこかのセルが選択された状態で[挿入－ピボットテーブル]をクリックする。

・[ピボットテーブルの作成]メニューで、「テーブル範囲(S)」に表全体が指定されていることを確認する。今回のデータでは、「$A$1:$F$31」となる。

	A	B	C	D	E	F	G
1	アンケート票NO.	性別	学年	定期購読	新聞	テレビ	
2	1	男性	3年生	はい	読む	時々見る	
3	2	女性	2年生	いいえ	読まない	あまり見ない	
4	3	女性	4年生	はい	読む	よく見る	
5	4	男性	1年生	いいえ	読まない	あまり見ない	
6	5	男性	4年生	はい	読む	時々見る	
7	6	女性	3年生	いいえ	読む	あまり見ない	
8	7	男性	2年生	いいえ	読まない	時々見る	
9	8	女性	4年生	いいえ	読む	あまり見ない	
10	9	男性	3年生	はい	読む	よく見る	
11	10	男性	3年生	はい	読む	時々見る	
12	11	女性	1年生	いいえ	読まない	あまり見ない	
13	12	男性	4年生	はい	読む	時々見る	
14	13	男性	3年生	いいえ	読まない	時々見る	
15	14	女性	1年生	いいえ	読まない	時々見る	
16	15	女性	3年生	いいえ	読む	よく見る	
17	16	男性	2年生	はい	読む	あまり見ない	
18	17	女性	1年生	いいえ	読まない	よく見る	
19	18	男性	4年生	はい	読む	よく見る	
20	19	男性	2年生	いいえ	読まない	あまり見ない	
21	20	女性	4年生	はい	読む	よく見る	
22	21	女性	1年生	はい	読む	あまり見ない	
23	22	女性	2年生	はい	読む	時々見る	
24	23	男性	4年生	いいえ	読まない	あまり見ない	
25	24	女性	4年生	はい	読む	時々見る	
26	25	女性	1年生	いいえ	読まない	あまり見ない	
27	26	女性	2年生	いいえ	読まない	時々見る	
28	27	男性	4年生	はい	読む	よく見る	
29	28	女性	3年生	はい	読む	あまり見ない	
30	29	女性	1年生	はい	読む	時々見る	
31	30	男性	2年生	はい	読む	よく見る	

・「ピボットテーブルレポートを配置する場所」を選択する。今回は「既存のワークシート(E)」をチェックし、「場所(L)」をデータ表の右側セル H1 をクリックし「$H$1」とした。

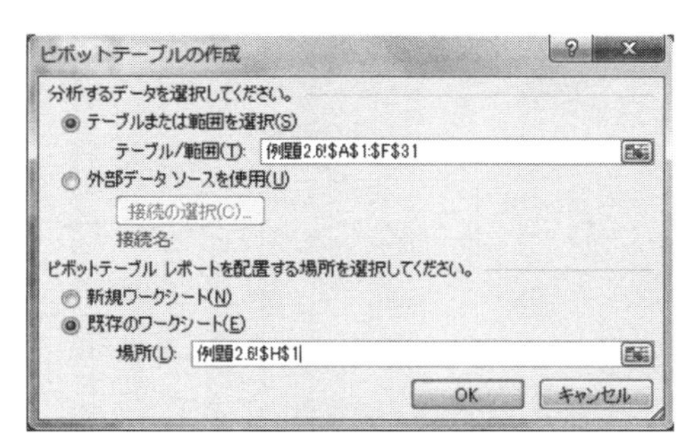

・［ピボットテーブルのフィールドリスト］で下のボックスの「列ラベル」に「新聞」をドラッグする。
・同様に、「行ラベル」に「性別」をドラッグする。
・「アンケート NO.」を「Σ　値」にドラッグする。
・「Σ　値」のボックス内の「合計/No.」をクリックし、「値フィールドの設定(N)」から集計方法を「データの個数」に変更する。

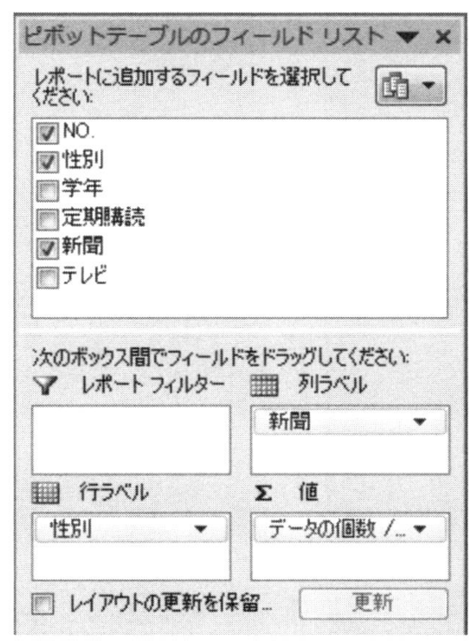

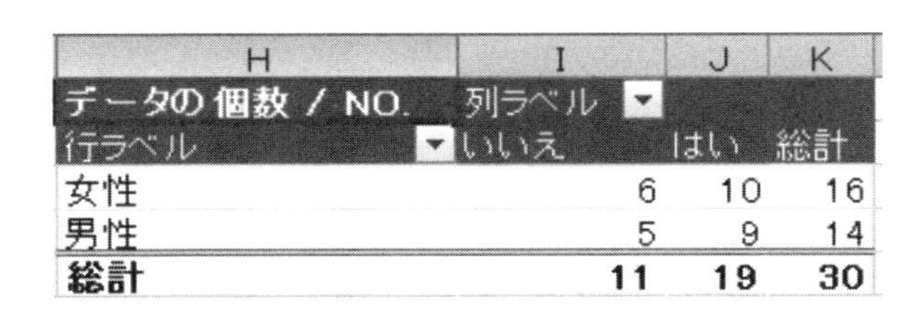

H	I	J	K
データの個数 / NO.	列ラベル		
行ラベル	いいえ	はい	総計
女性	6	10	16
男性	5	9	14
総計	**11**	**19**	**30**

演習 2.2　下表の調査票調査（アンケート用紙による調査）の結果についてクロス集計表を作成し、自由に分析せよ。

質問１　あなたの性別を教えてください。　　１　男性　　２　女性

質問２　年齢を教えてください。　１　10代　　２　20代　　３　30歳以上

質問３　パスポートを持っていますか。　１　はい　　２　いいえ

質問４　海外旅行に興味がありますか。　１　興味がある　２　どちらでもない　３　興味はない

表　パスポート所持と海外旅行

調査票 No.	質問１	質問２	質問３	質問４
1	2	2	1	1
2	2	2	1	1
3	1	1	2	3
4	2	2	1	2
5	1	1	2	2
6	1	3	1	1
7	2	2	2	3
8	1	3	2	1
9	2	1	1	1
１０	1	2	2	2
１１	2	3	1	2
１２	2	1	1	1
１３	1	2	1	2
１４	2	1	2	1
１５	2	1	1	1
１６	1	3	2	1
１７	2	2	1	2
１８	2	2	1	3
１９	1	1	2	2
２０	2	3	1	1
２１	1	2	2	1

3章　確率と確率分布

3.1　確率

3.1.1　加法定理

事象Aと事象Bが互いに排反事象ならば、AまたはBの起こる確率は以下のように表される。（言い換えると、AとBの積集合が空集合であるとき、AとBの和集合の起こる確率は以下のように表される）

$$\mathrm{A} \cap \mathrm{B} = \emptyset$$

$$P(\mathrm{A} \cup \mathrm{B}) = P(\mathrm{A}) + P(\mathrm{B})$$

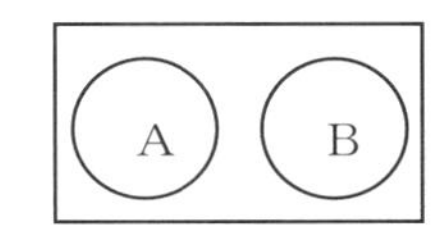

＊排反事象

２つの事象AとBが、一方が起これば他方は起こらない性質を持つこと。

事象AとBが排反でないときは以下のように表される。

$$\mathrm{A} \cap \mathrm{B} = \emptyset$$

$$P(\mathrm{A} \cup \mathrm{B}) = P(\mathrm{A}) + P(\mathrm{B}) - P(\mathrm{A} \cap \mathrm{B})$$

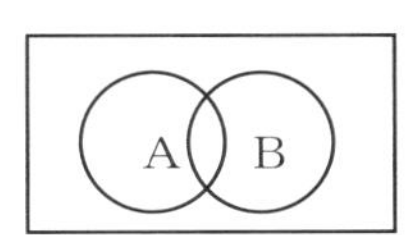

例題 3.1　２つのさいころを投げてAまたはBの事象が起こる確率を求める。

A: ２つのさいころの目の和が６以上

B: ２つの目が等しい

標本空間上の事象の数を数えると以下のようになる。

$$P(\mathrm{A} \cup \mathrm{B}) = |\mathrm{A} \cup \mathrm{B}|/n = 28/36 = 7/9$$

（$|\mathrm{A} \cup \mathrm{B}|$：A∪Bの事象の数、$n$：標本空間の事象の数）

加法定理によれば、以下のようになる。

$$P(\mathrm{A} \cup \mathrm{B}) = P(\mathrm{A}) + P(\mathrm{B}) - P(\mathrm{A} \cap \mathrm{B})$$

$$= \frac{26}{36} + \frac{6}{36} - \frac{4}{36}$$

$$= 28/36 = 7/9$$

図 3.1　標本空間

＊標本空間

事象の取りうる点全体の集合を標本空間という。

3.1.2　乗法定理

事象Aと事象Bが独立ならば、

$$P(A \cap B) = P(A) \cdot P(B)$$

である。

＊独立

２つの事象 A, B において、互いの起こる確率が他方の起こる確率に関係しないとき、A、B は独立であるという。

> **例題 3.2**　２つのさいころを投げて、２つとも偶数の目が出る事象の起こる確率を求める。
> 　　事象A：偶数の目が出る
> 　　事象B：偶数の目が出る

標本空間上の事象を数えると以下のようになる。

$$P(A \cap B) = 9/36 = 1/4$$

乗法定理から、以下のようになる。

$$P(A) = 3/6 = 1/2$$
$$P(B) = 3/6 = 1/2$$
$$P(A \cap B) = P(A) \cdot P(B) = 1/2 \cdot 1/2 = 1/4$$

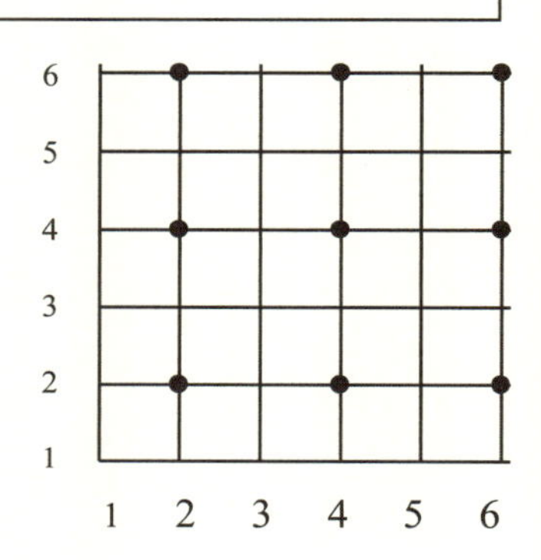

図 3.2　標本空間

3.1.3　条件付確率

> **例題 3.3**　２つのさいころを投げる実験で、事象A_1が起こったとき（先行事象）、事象A_2の起こる確率を求める。
> 　　事象A_1：２つの目が３以上　　（条件、先行事象）
> 　　事象A_2：２つの目の和が７

$|A_1| = 16,\ |A_1 \cap A_2| = 2$

$P(A_2|A_1) = 2/16 = 1/8$

（A_1が起こったという条件のもとでA_2の起こる確率）

$P(A_1) = |A_1|/n = 16/36$　　①

$P(A_1 \cap A_2) = |A_1 \cap A_2|/n = 2/36$　　②

②÷①

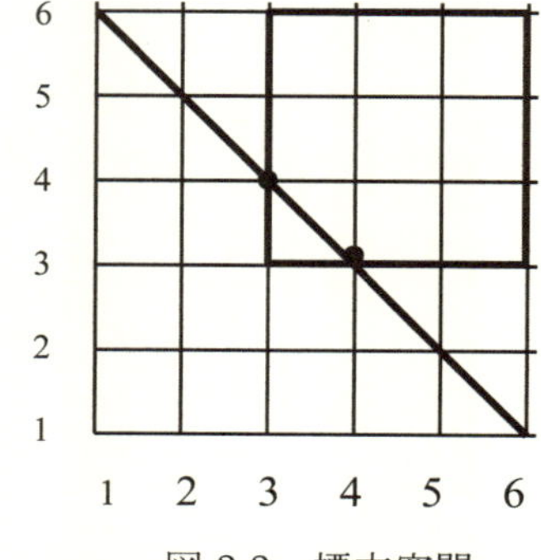

図 3.3　標本空間

$$\frac{P(\mathrm{A}_1 \cap \mathrm{A}_2)}{P(\mathrm{A}_1)} = \frac{|\mathrm{A}_1 \cap \mathrm{A}_2|}{|\mathrm{A}_1|}$$

← A2 の起こる確率
← A1 が起こったという条件で

$$P(\mathrm{A}_1 \cap \mathrm{A}_2) = \frac{P(\mathrm{A}_1 \cap \mathrm{A}_2)}{P(\mathrm{A}_1)} = \frac{2/36}{16/36} = \frac{1}{8}$$

乗法定理

$P(\mathrm{A}_1 \cap \mathrm{A}_2) = P(\mathrm{A}_1) \cdot P(\mathrm{A}_2 \mid \mathrm{A}_1)$

3.1.4　3 つ以上の事象の場合

(1) 乗法定理

A_1, A_2, … , A_n が独立事象のとき、

$P(\mathrm{A}_1 \cap \mathrm{A}_2 \cap \ldots \cap \mathrm{A}_n) = P(\mathrm{A}_1) \cdot P(\mathrm{A}_2) \cdot \ldots \cdot P(\mathrm{A}_n)$

(2) 加法定理

A_1, A_2, … , A_n が排反事象のとき、

$P(\mathrm{A}_1 \cup \mathrm{A}_2 \cup \ldots \cup \mathrm{A}_n) = P(\mathrm{A}_1) + P(\mathrm{A}_2) + \cdots + P(\mathrm{A}_n)$

A_1, A_2, … , A_n が排反事象ではないとき、

$\mathrm{A}_1 \cap \mathrm{A}_2 \cap \ldots \cap \mathrm{A}_n \neq \emptyset$のとき。

$P(\mathrm{A}_1 \cup \mathrm{A}_2 \cup \ldots \cup \mathrm{A}_n) = 1 - P({\mathrm{A}_1}^{\mathrm{c}} \cap {\mathrm{A}_2}^{\mathrm{c}} \cap \ldots \cap {\mathrm{A}_n}^{\mathrm{c}})$

　　ただし、A^{c}はAの補集合

３つの事象 A_1, A_2, A_3 で考える。

$$\begin{aligned} P(\mathrm{A}_1 \cup \mathrm{A}_2 \cup \mathrm{A}_3) = & P(\mathrm{A}_1) + P(\mathrm{A}_2) + P(\mathrm{A}_3) \\ & - P(\mathrm{A}_1 \cap \mathrm{A}_2) - P(\mathrm{A}_1 \cap \mathrm{A}_2) - P(\mathrm{A}_1 \cap \mathrm{A}_2) \\ & + P(\mathrm{A}_1 \cap \mathrm{A}_2 \cap \mathrm{A}_3) \end{aligned}$$

$P(\mathrm{A}_1 \cup \mathrm{A}_2 \cup \mathrm{A}_3) = 1 - P({\mathrm{A}_1}^{\mathrm{c}} \cap {\mathrm{A}_2}^{\mathrm{c}} \cap {\mathrm{A}_3}^{\mathrm{c}})$

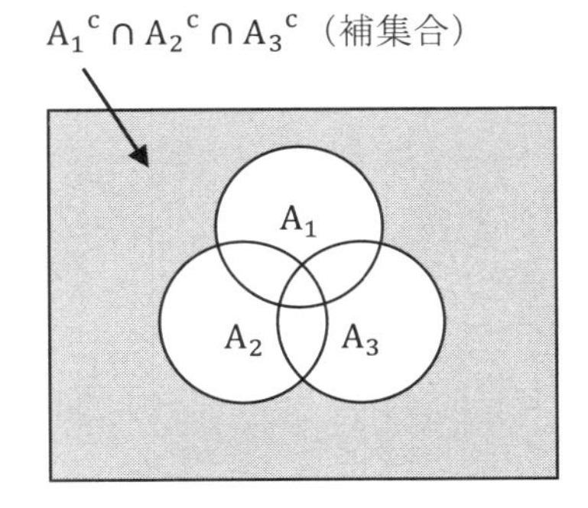

図 3.4　３つの事象

例題 3.4　システムの信頼性（乗法定理、加法定理の応用）

4つのサブシステム（装置）A、B、C、Dから構成されているシステムSを考える。

個々の装置の動作確率（信頼性）が以下のとき、このシステムが完全に動作する確率を求めなさい。

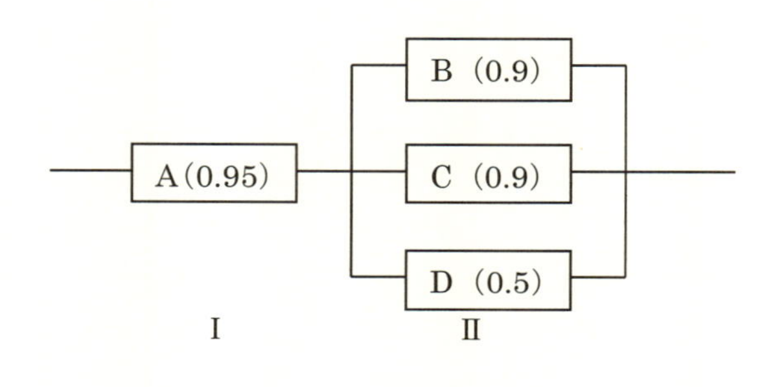

（　）内の数字は動作確率

$P(\mathrm{A})=0.95, P(\mathrm{B})=0.9, P(\mathrm{C})=0.9, P(\mathrm{D})=0.5$

システムが完全に動作する確率　$P(\mathrm{S})=P(\mathrm{I})\cdot P(\mathrm{II})$

$P(\mathrm{I})=P(\mathrm{A})=0.95$

$$
\begin{aligned}
P(\mathrm{II}) &= 1-P(\mathrm{B}^c\cap \mathrm{C}^c\cap \mathrm{D}^c)\\
&= 1-P(\mathrm{B}^c)\cdot P(\mathrm{C}^c)\cdot P(\mathrm{D}^c)\\
&= 1-(1-P(\mathrm{B}))\cdot(1-P(\mathrm{C}))\cdot(1-P(\mathrm{D}))\\
&= 1-0.1\cdot 0.1\cdot 0.5\\
&= 0.995
\end{aligned}
$$

$P(\mathrm{S}) = 0.95\times 0.995=0.945$

演習 3.1　次のシステムが完全に動作する確率を求めなさい。

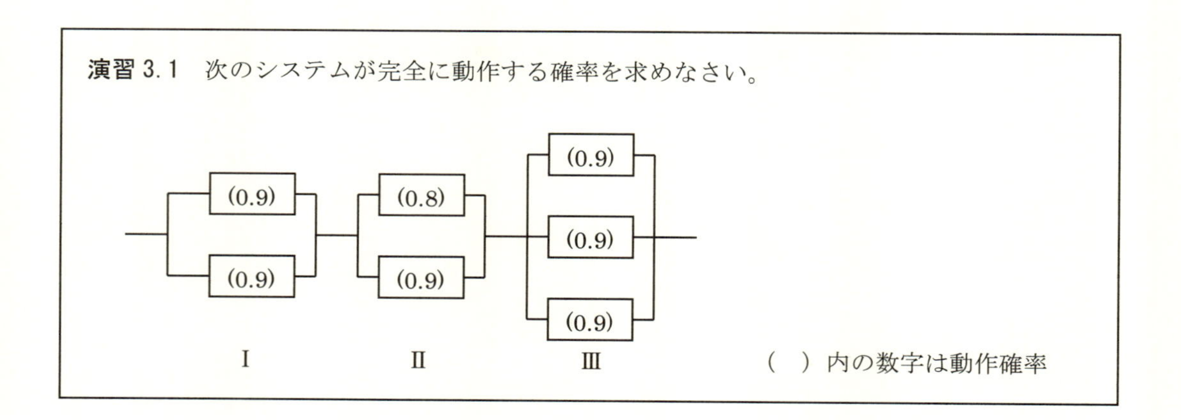

（　）内の数字は動作確率

3.2　確率分布

3.2.1　確率分布と確率変数

度数分布の数学モデルを確率分布あるいは理論分布と呼び、母集団の特徴である中心位置や、ばらつきを表す。一方、標本や実験結果からの度数分布図で表される分布を一般に経験分布と呼ぶ。

ここで、コインを 3 枚投げる実験で、表の出る事象を考える（表＝○、裏＝×）。

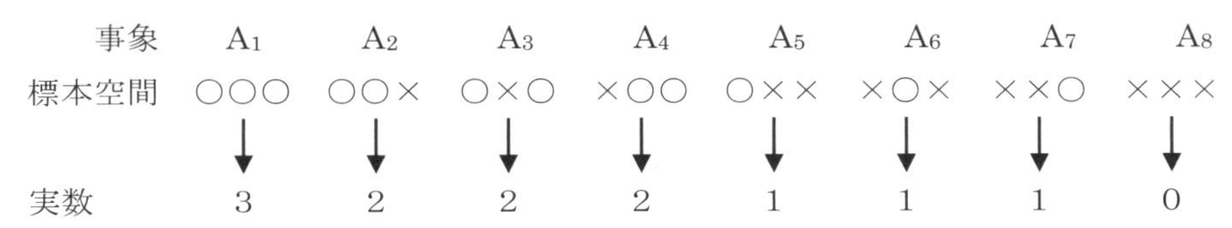

事象	A_1	A_2	A_3	A_4	A_5	A_6	A_7	A_8
標本空間	○○○	○○×	○×○	×○○	○××	×○×	××○	×××
	↓	↓	↓	↓	↓	↓	↓	↓
実数	3	2	2	2	1	1	1	0

この、事象のとる値である実数のことを確率変数xという。この例の場合は、「確率変数xは 0,1,2,3 の値をとる」と表現されることが多い。

ここで対象とする事象は、標本空間上の A_1～A_8 のすべてではなく、確率変数xが 0、1、2、3 をとる複合事象の場合である。これらの複合事象の確率は以下で与えられる。

$$P(x=0)=1/8,\ P(x=1)=3/8,\ P(x=2)=3/8,\ P(x=3)=1/8$$

この確率変数xに対する確率の関係をグラフにすると以下のようになり、この確率変数に対応した確率の組を確率分布という。

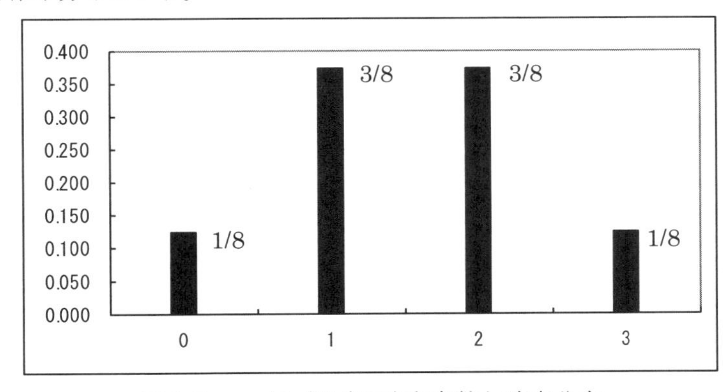

図 3.5　コイン投げの確率変数と確率分布

＊複合事象

標本空間を構成する個々の事象 A_1･･･を単一事象と呼び、単一事象の集まりを複合事象と呼ぶ。

＊確率変数に対応する確率の表し方

$P(x=\mathrm{a})$　　xの値が a となる事象の起こる確率

$P(\mathrm{a}<x<\mathrm{b})$　　xの値が a と b の間をとる事象の起こる確率

$P(x<\mathrm{b})$　　xの値が b より小さい事象の起こる確率

（連続変数の場合 $P(x=\mathrm{a})=0$となる：後述）

確率変数

標本空間上で定義された実数値関数

確率分布

確率変数のとりうる確率の組

3.2.2　確率分布の性質

２章で経験分布に対し平均や分散（標準偏差）を計算し、母集団の性質について有用な情報を得た。同様に確率分布の性質に対しても平均や分散により有用な情報を得ることができる。これら２つは、一般的な性質の特別な場合と考えることができる。一般的な性質を表すものに、期待値がある。

(1) 期待値

期待値は、離散変数と連続変数について以下で与えられる。以下の式により求められる期待値は平均と同値である。

離散変数　$E(x) = \sum_{x=1}^{n} xp(x)$　（確率変数xのとりうる値は、$1, 2, \ldots, n$）

連続変数　$E(x) = \int_{-\infty}^{\infty} xf(x)dx$　（確率変数xのとりうる値は、$-\infty \leq x \leq +\infty$）

例題 3.5　サイコロの出る目の期待値を求めよ。

$$E(x) = \sum_{x=1}^{6} xp(x)$$

$$= 1 \cdot \frac{1}{6} + 2 \cdot \frac{1}{6} + 3 \cdot \frac{1}{6} + \cdots + 6 \cdot \frac{1}{6} = 3.5$$

(2) 分散

分散は、離散変数と連続変数について以下で与えられる（確率変数のとりうる値は期待値と同様）。

離散変数　$V(x) = \sum_{x=-\infty}^{\infty} (x-\mu)^2 p(x)$

$$= \sum_{x=-\infty}^{\infty} (x^2 p(x) - 2\mu x p(x) + \mu^2 p(x))$$

$$= \sum_{x=-\infty}^{\infty} x^2 p(x) - \mu^2$$

連続変数　$V(x) = \int_{-\infty}^{\infty} (x-\mu)^2 f(x)dx$

$$= \int_{-\infty}^{\infty} x^2 f(x)dx - \mu^2$$

＊参考

母標準偏差（２章）を求める式をみると、上記の式と同様であることが分かる。

$$\sigma^2 = \frac{S}{n} = \frac{\sum (x_i - \bar{x})^2}{n} = \frac{\sum x_i^2}{n} - \left(\frac{\sum x_i}{n}\right)^2$$

演習 3.2　コインを３枚投げる実験で、表が出る枚数の期待値と分散を求めなさい。

演習 3.3　あるミニ宝くじで、1 枚 100 円で 1000 枚のくじのうち、1 等 10000 円が 1 枚、2 等 5000 円が 2 枚、3 等 1000 円が 10 枚のとき、くじ 1000 枚がすべて売れ、ある人がその 1 枚を買ったとしたら、受け取る金額の期待値はいくらか。

3.3　２項分布（離散変数の確率分布）

3.3.1　２項分布の性質

確率変数がとる値x＝0、1、2、…、nで確率関数$P(x)$が、

$$P(x) = {}_{n}C_{x} p^{x}(1-p)^{n-x} = \frac{n!}{x!(n-x)!} p^{x}(1-p)^{n-x}$$

で表される分布を２項分布という。

例題 3.6　サイコロを３回投げて１の目が２回出る確率を求める。

１回目	２回目	３回目
○	○	×

１の目の出る事象をＡとすると、

Ａは独立事象　$P(A \cap A \cap A^{c}) = P(A) \cdot P(A) \cdot P(A^{c}) = 1/6 \times 1/6 \times 5/6 = 5/216 ≒ 0.023$

	１回目	２回目	３回目
A_1	○	○	×
A_2	○	×	○
A_3	×	○	○

$\left.\right\}$ ${}_{3}C_{2} = \frac{3!}{2!(3-2)!}$　３通り

各回の試行は排反事象

$$P(A_1) = P(A_2) = P(A_3) = \left(\frac{1}{6}\right)^{2}\left(\frac{5}{6}\right)^{1}$$

$$P(x=2) = {}_{3}C_{2}\left(\frac{1}{6}\right)^{2}\left(\frac{5}{6}\right)^{1} = \frac{3!}{2!\,(3-2)!}\left(\frac{1}{6}\right)^{2}\left(\frac{5}{6}\right)^{1} = \frac{5}{72} ≒ 0.07$$

例題 3.7　マージャンで、技量の等しい４人で勝負するときの勝つ確率を 1/4 として、５回勝負するとき３回以上勝つ確率はいくらか。

勝つ回数＝確率変数

３回以上勝つ確率は以下で与えられる。

$P(x \geqq 3)＝P(3)+P(4)+P(5)$

$$\begin{bmatrix} P(0) = 0.237304688 \\ P(1) = 0.395507813 \\ P(2) = 0.263671875 \end{bmatrix}$$

$$P(3) = {}_5C_3(1/4)^3(1-1/4)^{5-3} = \frac{5!}{3!\,(5-3)!}1/4^3(1-1/4)^{5-3}$$

$$= 10 \times 0.015625 \times 0.5625 \fallingdotseq 0.0879$$

$$P(4) = {}_5C_4(1/4)^4(1-1/4)^{5-4} = \frac{5!}{4!\,(5-4)!}1/4^4(1-1/4)^{5-4}$$

$$= 5 \times 0.00390625 \times 0.75 \fallingdotseq 0.0146$$

$$P(5) = {}_5C_5(1/4)^5(1-1/4)^{5-5} = \frac{5!}{5!\,(5-5)!}1/4^5(1-1/4)^{5-5}$$

$$\fallingdotseq 1 \times 0.000977 \times 1 = 0.000977$$

$$P(x \geqq 3) = P(3) + P(4) + P(5) \fallingdotseq 0.1035$$

例題 3.8　不良率 20%の工程から 10 個検査したとき不良品の検出される確率はいくらか。

不良品数＝確率変数

$$P(0) = {}_{10}C_0 0.2^0 0.8^{10} = 0.1074$$

$$P(1) = {}_{10}C_1 0.2^1 0.8^9 = 0.2684$$

$$P(2) = {}_{10}C_2 0.2^2 0.8^8 = 0.3020$$

$$P(3) = {}_{10}C_3 0.2^3 0.8^7 = 0.2013$$

・

・

$$P(10) = {}_{10}C_{10} 0.2^{10} 0.8^0 = 0$$

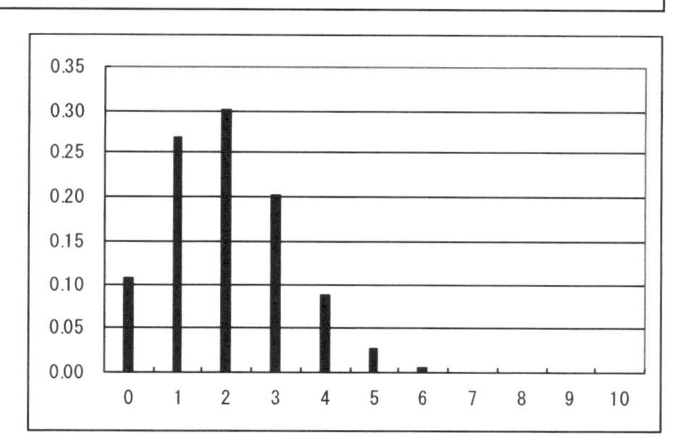

図 3.6　確率分布(p=0.2,n=10)

例題 3.9　不良率 50%の工程から 10 個検査したとき不良品の検出される確率はいくらか。

$$P(0) = {}_{10}C_0 0.5^0 0.5^{10} = 0.0010$$

$$P(1) = {}_{10}C_1 0.5^1 0.5^9 = 0.0098$$

$$P(2) = {}_{10}C_2 0.5^2 0.5^8 = 0.0439$$

・

$$P(5) = {}_{10}C_5 0.5^5 0.5^5 = 0.2461$$

・

・

$$P(10) = {}_{10}C_{10} 0.5^{10} 0.5^0 = 0.0010$$

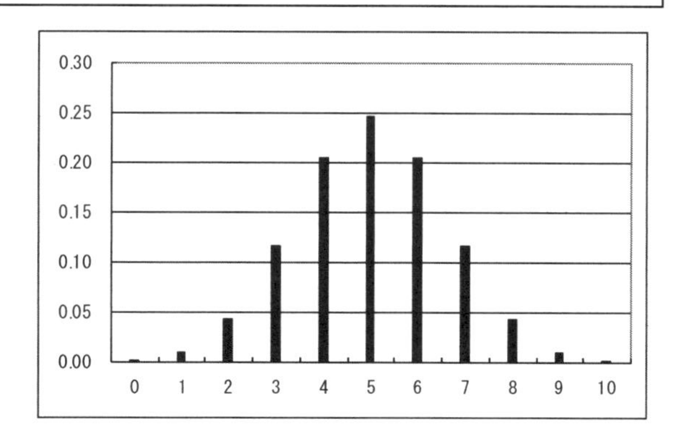

図 3.7　確率分布(p=0.5,n=10)

＊2 項分布の性質

$p = 0.5$に近づくか、nを大きくすると左右対称の分布に近づく。

3.3.2　2 項分布の期待値と分散

(1) 期待値（平均）

$$E(X) = \sum_{x=0}^{n} xp(x)$$

$$= \sum_{x=0}^{n} x \frac{n!}{x!\,(n-x)!} p^x (1-p)^{n-x}$$

$$= \sum_{x=1}^{n} \frac{n!}{(x-1)!(n-x)!} p^x (1-p)^{n-x}$$

$$= np \sum_{x=1}^{n} \frac{(n-1)!}{(x-1)!(n-x)!} p^{x-1} (1-p)^{n-x}$$

ここで y=x−1 とおくと、

$$= np \sum_{y=0}^{n-1} \frac{(n-1)!}{y!\,(n-1-y)!} p^y (1-p)^{n-1-y}$$

$$= np \sum_{y=0}^{n-1} {}_{n-1}C_y p^y (1-p)^{n-1-y}$$

$$= np$$

(2) 分散

$$\sigma^2 = \sum x^2 P(x) - \mu^2 = \sum_{x=0}^{x=n} x^2 \frac{n!}{x!\,(n-x)!} p^x q^{n-x} - (np)^2$$

$$= \sum_{x=1}^{x=n} \{x(x-1)+x\} \frac{n.n-1\ldots.n-x+1}{x.x-1\ldots.2.1} p^x q^{n-x} - (np)^2$$

$$= \sum n(n-1)p^2 \frac{n-2.n-3\ldots n-x+1}{x-2.x-3\ldots 2.1} p^{x-2} q^{n-x}$$

$$+ \sum np \frac{n-1.n-2.\ldots.n-x+1}{x-1.x-2.\ldots.2.1} p^{x-1} q^{n-x} - (np)^2$$

$$= n(n-1)p^2 \sum \frac{(n-2)!}{(x-2)!(n-x)!} p^{x-2} q^{n-x} + np \sum \frac{(n-1)!}{(x-1)!(n-x)!} p^{x-1} q^{n-x} - (np)^2$$

$$= n(n-1)p^2 + np - (np)^2 = np - np^2 = np(1-p) = npq$$

2 項分布の平均と標準偏差

$$\mu = np, \quad \sigma = \sqrt{npq} \qquad (q = 1-p)$$

演習 3.4　ある部品メーカで製造される部品の不良率は 5 %である。1 箱 20 個で納入するとき、1 箱に不良が 3 個以下の確率はいくらか。

3.4　正規分布（連続変数の確率分布）

3.4.1　密度関数

連続型確率変数xが密度関数、

$$f(x) = \frac{1}{\sqrt{2\pi}\sigma} e^{-\frac{(x-\mu)^2}{2\sigma^2}}$$

に従う分布を正規分布といい、平均値を中心に左右対称な山形の分布である。一般に、平均μ、分散（標準偏差）σで、$N(\mu, \sigma^2)$と表す。

２章で求めた体重のヒストグラム（経験分布）は、以下のように正規分布（理論分布）で近似することができる。連続変数である自然界や工学データの多くの理論分布として正規分布が使われる。

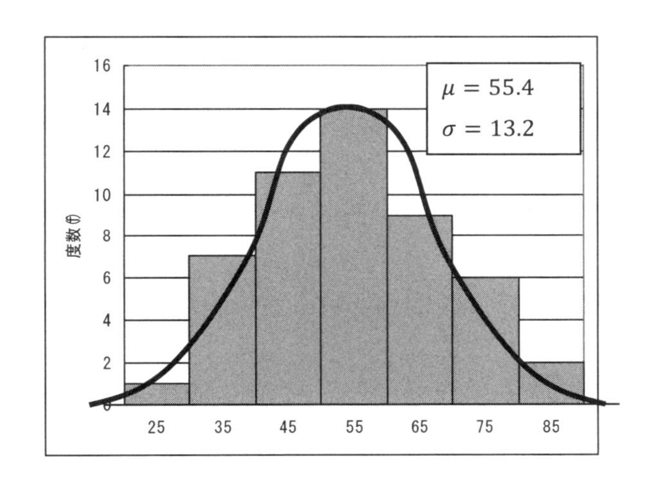

図 3.8　体重のヒストグラムと正規分布

正規分布　連続型確率変数xが、以下の密度関数従う分布で$N(\mu, \sigma^2)$と表す。

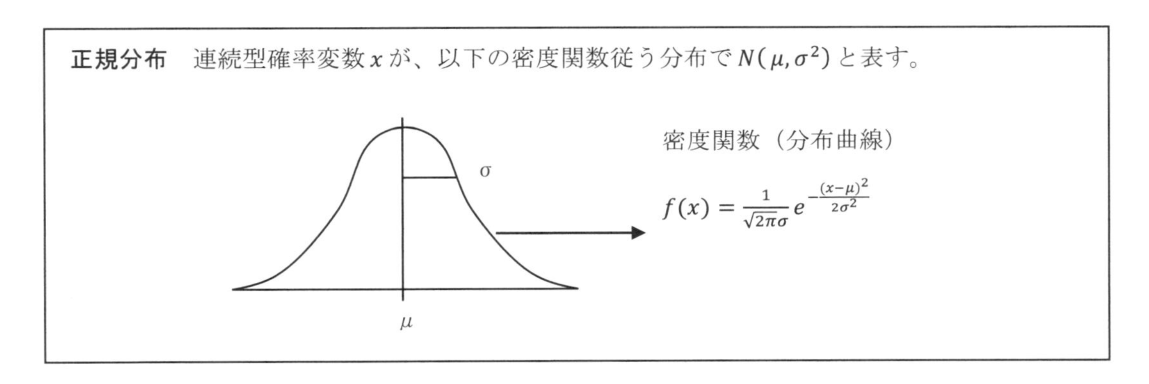

連続型確率変数xのとりうる値xに対する密度関数$f(x)$の値は、関数の１点での値であり、確率を与えない（離散型変数の場合は$p(x)$として確率を求められた）。連続型変数の場合の確率は、以下のように密度関数の定積分で求める。

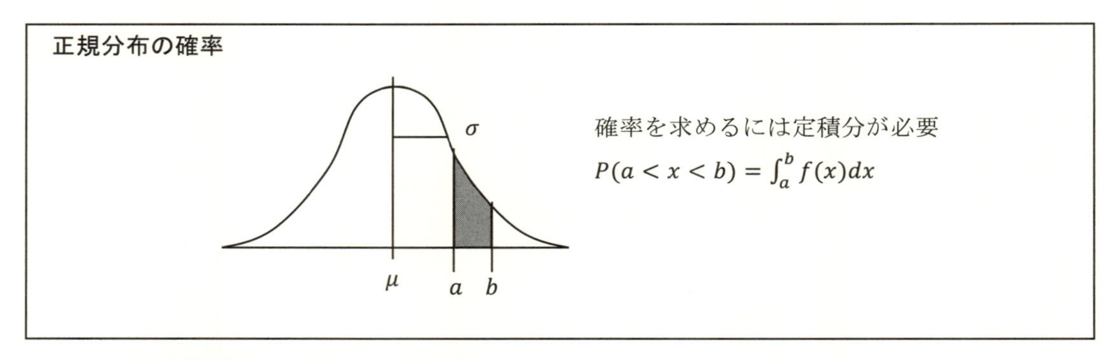

3.4.2　正規分布の性質

正規分布の密度関数は、平均μから$\pm 1\sigma$が変曲点である。また、平均μを中心に左右対称の分布であるため、平均μから標準偏差$\pm\sigma$の区間に入る相対度数、すなわち確率をパーセントで表すと、以下のようになる。

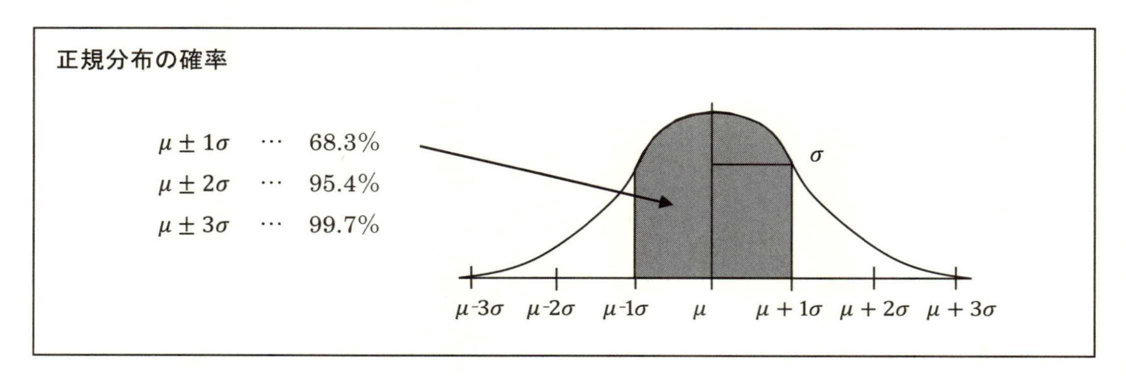

正規分布の形状は、μとσで完全に決まり、+相対度数の割合は、μとσがいかなる値をとっても、一定となる。

3.4.1 で見た体重のヒストグラムの場合、このデータを母集団としたとき、μ=55.4、σ=13.2 であるから、この集団に属する人の体重の割合は、以下のように考えることができる。

42.2～68.6kg（$\mu \pm 1\sigma$）　68.3%
29.0～81.8kg（$\mu \pm 2\sigma$）　95.4%
15.8～95.0kg（$\mu \pm 3\sigma$）　99.7%

逆に、95.0kg を超える人の割合は、0.15%（15.8kg より軽い人も 0.15%）であることが分かる。一般に、正規分布に従うデータの場合、平均μから$\pm 3\sigma$を超えるデータは 0.3%（3/1000）であり、この性質を利用して製造工程などで統計的品質管理が実施される。

3.4.3　標準正規分布

母集団が正規分布の場合、μとσが分かれば、ある区間における確率は、密度関数を定積分することにより求めることができる。しかし実務に応用する場合、いちいち積分計算を行うことは現実的でない。そこで、μ、σがどのような値でも、σのある比率に入る割合が一定である性質を利用して、あらかじめ標準となる正規分布の割合を求めて表にし、任意のμ、σの値を換算することにより確率を求めることが一般的に行われる。この標準となる正規分布のことを、標準正規分布（基準正規分布）といい、$\mu=0$、$\sigma=1$ の正規分布である。標準正規分布の、平均$\mu=0$ から、z までの区間の確率を表にしたものが標準正規分布表（付録１）である（標準正規分布上の確率変数はxの代わりにzを使うことが多い）。

> **例題 3.10**　確率変数zが標準正規分布$N(0,1^2)$に従うとき、以下の確率を求めよ。
>
> (1) $P(0 < z < 1.64)$
>
> (2) $P(z > 2)$
>
> (3) $P(z < 1)$
>
> (4) $P(-1 < z < 1)$

標準正規分布表は確率変数zの確率$P(0 < \mathrm{x} < \mathrm{z})$を与える。標準正規分布の密度関数は平均$\mu = 0$を中心に左右対称であることや確率$P(-\infty < z < \infty) = 1$である性質を利用して確率を求めることができる。

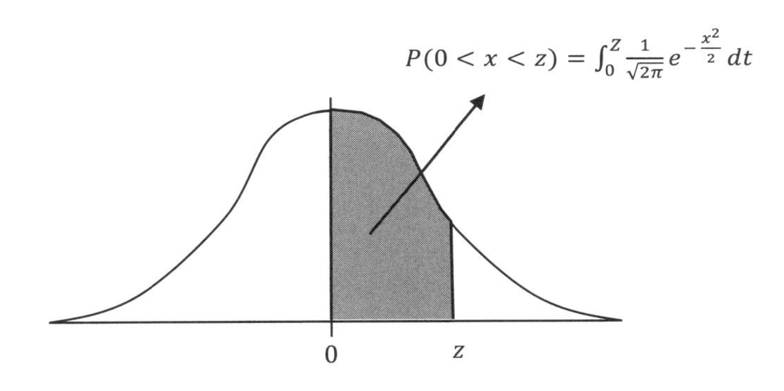

図 3.9　標準正規分布

表の行の見出しは z の小数第１位まで、列の見出しは小数第２位の値である。したがって、各確率は、標準正規分布表より以下の通りである。

(1) $P(0 < z < 1.64) = 0.4495$

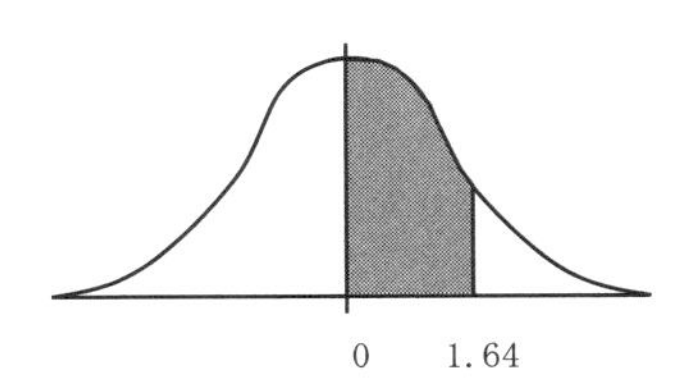

(2) $P(z > 2) = 0.5 - \mathrm{P}(0 < z < 2)$

$= 0.5 - 0.4772$

$= 0.0228$

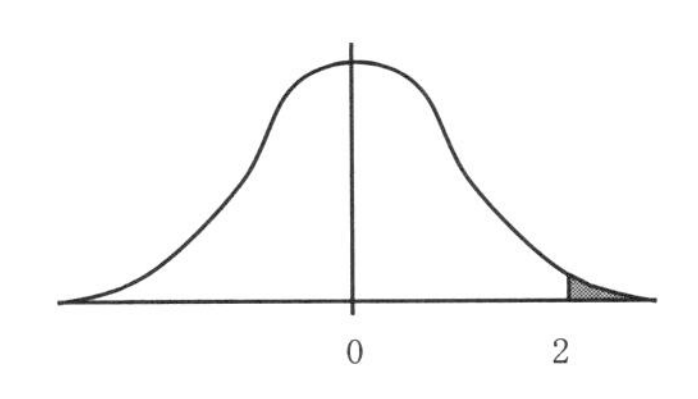

(3) $P(z < 1) = 0.5 + P(0 < z < 1)$

$= 0.5 + 0.3413$

$= 0.8413$

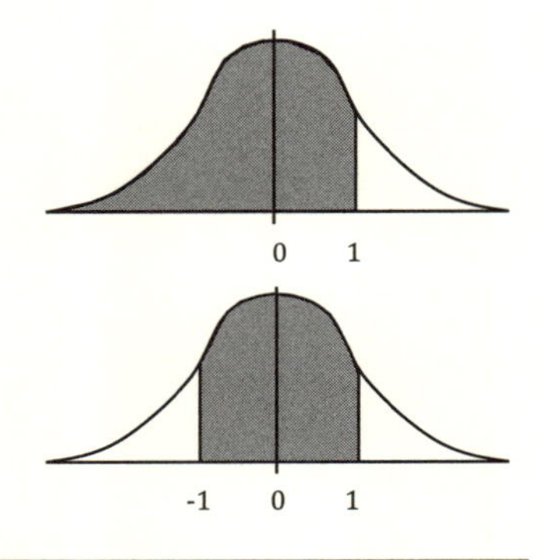

(4) $P(-1 < z < 1) = P(0 < z < 1) \times 2$

$= 0.3413 \times 2$

$= 0.6826$

> **標準正規分布**　平均$\mu = 0$、標準偏差$\sigma = 1$の正規分布$N(0, 1^2)$である。
>
> 密度関数　$f(x) = \frac{1}{\sqrt{2\pi}} e^{-\frac{x^2}{2}}$

3.4.4　標準化の公式

任意の正規分布$N(\mu, \sigma^2)$のある範囲の確率は、確率変数xを標準正規分布上のzの値に変数変換することで求められる。正規分布の形状は、μとσで完全に決まり、相対度数の割合は、μとσがいかなる値を取っても一定となることから、確率変数xとzの関係は$x = \mu + z\sigma$である。zをxによって表すと、以下を得る。

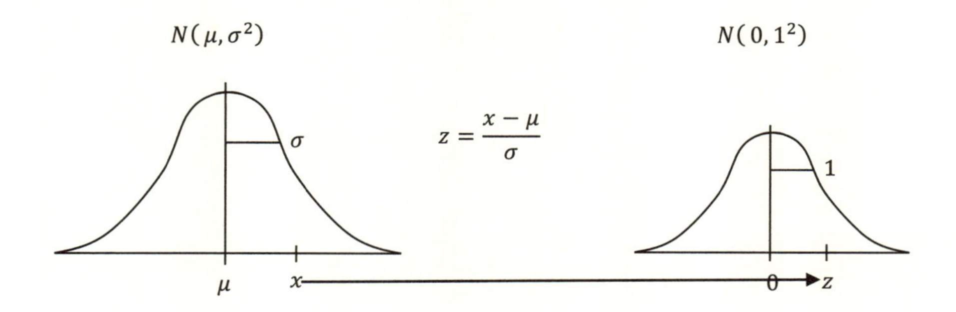

図 3.10　標準化

> **標準化の公式**
>
> $$z = \frac{x - \mu}{\sigma}$$

例題 3.11　男子生徒の身長の分布は平均 170cm、標準偏差 8cm の正規分布に従うとする。
以下の割合を求めよ。
(1)身長が 178cm を超える学生は全体の何％いるか。
(2)身長が 154cm に満たない学生は全体の何％いるか。
(3)身長が 158cm から 180cm の学生は全体の何％いるか。

(1)身長が 178cm を超える学生は全体の何％いるか。

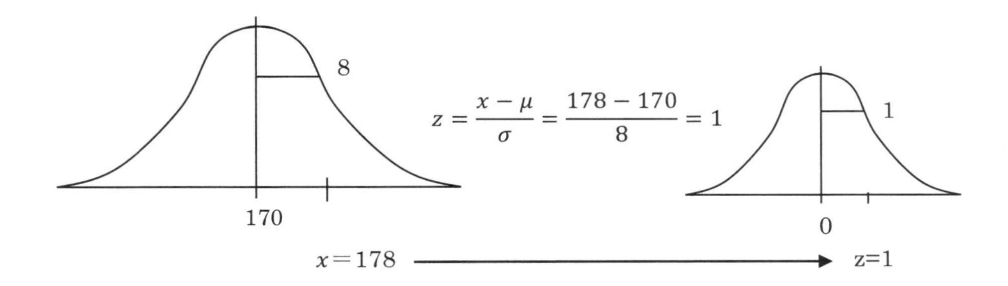

$$z=\frac{x-\mu}{\sigma}=\frac{178-170}{8}=1$$

$P(x>178)＝P(z>1)＝0.5－0.3413＝0.1587$　(15.87％)

(2)身長が 154cm に満たない学生は全体の何％いるか。

$$z=\frac{x-\mu}{\sigma}=\frac{154-170}{8}=-2$$

$P(x<154)=P(z<-2)=P(z>2)=0.5-0.4772=0.0228$　(2.28%)

(3)身長が 158cm から 180cm の学生は全体の何％いるか。

$$z_1=\frac{x-\mu}{\sigma}=\frac{158-170}{8}=-1.5 \qquad z_2=\frac{x-\mu}{\sigma}=\frac{180-170}{8}=1.25$$

$P(158<x<180)＝P(-1.5<z<1.25)＝0.4332＋0.3944＝0.8276$　(82.76％)

3.4.5 偏差値

ある試験の得点xが正規分布$N(\mu,\sigma^2)$のとき、平均 50、標準偏差 10 の正規分布に変数変換する。偏差値Tは、以下で求められる。

$$T=50+10z \qquad \left(z=\frac{x-\mu}{\sigma}\right)$$

例題 3.12　ある数学の試験は正規分布で平均 70、標準偏差 8 であった。
数学の得点が 74 点の偏差値を求めよ。

偏差値 Tは、以下の通りである。

$$T = 50 + 10\frac{x-\mu}{\sigma} = 50 + 10\frac{74-70}{8}$$

$$= 55$$

＊偏差値の意味

受験生の能力を一定と仮定し、試験の難易度が異なっても（異なる母集団）、相互の比較を偏差値で行うことができる。

> **演習 3.5**　ある会社の製品の寸法は平均 160mm、標準偏差 5mm の正規分布をしている。以下の確率を求めよ。
> (1)168mm を超える製品が生産される確率
> (2)152.8mm 未満の製品が生産される確率
> (3)156.4mm から 166mm の製品が生産される確率

> **演習 3.6**　数学のテスト平均 70、標準偏差 8 の正規分布に従うとき、以下を求めよ。
> (1)82 点の偏差値
> (2)64 点の偏差値
> (3)64 点未満の受験生の割合

■■■■■■■■■■■■■ Excel による演習 ■■■■■■■■■■■■■■

標準正規分布

標準正規分布の値を Excel の以下の関数で求めることができる。

・累積分布関数の値（確率 P）
NORM.S.DIST(z,TRUE)関数

・確率 P に対応する累積分布関数の座標（z 値）
NORM.S.INV（P）関数

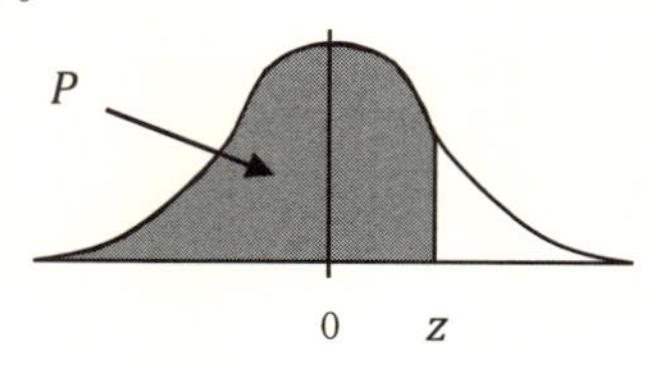

> **例題 3.13**　(1) 標準正規分布で z 値が 0〜1 の範囲の確率 P を求める
> (2) 標準正規分布で確率 P 値が 0.975 の z 値を求める。

	A	B	C	D
1	標準正規分布(Z→P)			
2	Z値	確率P		
3	1	0.341345	←	=NORM.S.DIST(A3,TRUE)-0.5
4				
5	標準正規分布(P→Z)			
6	確率P	Z		
7	0.975	1.959964	←	=NORM.S.INV(A7)

演習 3. 7　例題 3.10 を Excel で計算せよ。

正規分布

正規分布の値 x を Excel の以下の関数で求めることができる。

・累積分布関数の値（確率 P）

NORM.DIST(x ,平均, 標準偏差, TRUE)関数

・確率 P に対応する累積分布関数の座標（x 値）

NORM.INV（P , 平均, 標準偏差）関数

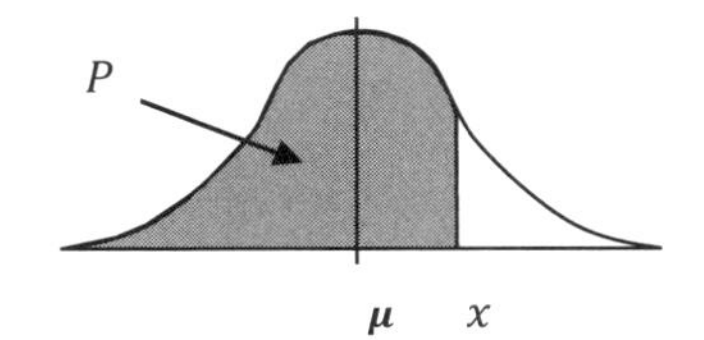

例題 3. 14　男子生徒の体重が、平均 μ =60kg、標準偏差 5kg の正規分布であることが分かっているとき、体重が以下の条件を満たす確率を求めよ。

(1) 52kg より軽い確率

(2) 65kg より重い確率

(3) 軽い方から 10%の生徒の体重

	A	B	C	D	E	F
1	(1)					
2	体重	平均	標準偏差	確率P		
3	52	60	5	0.054799	←	=NORM.DIST(A3,B3,C3,TRUE)
4						
5	(2)					
6	体重	平均	標準偏差	確率P		
7	65	60	5	0.158655	←	=1-NORM.DIST(A7,B7,C7,TRUE)
8						
9	(3)					
10	P値	平均	標準偏差	体重		
11	0.1	60	5	53.59224	←	=NORM.INV(A11,B11,C11)

演習 3. 8　ある製品の重量は、平均 μ =15g、標準偏差 1.2g の正規分布であることが分かっているとき、ある製品の重量が以下の条件を満たす確率を求めよ。

(1) 16.5g を超える確率

(2) 13g より少ない確率

(3) 大きい方から 5%の製品の重量

3.5　2項分布の正規近似

3.5.1　2項分布と正規分布

２項分布は、確率変数がとる値$x = 0$、1、…、nで確率関数$P(x)$が以下で表せるものである。

$$P(x) = {}_n\mathrm{C}_x p^x (1-p)^{n-x} = \frac{n!}{x!(n-x)!} p^x (1-p)^{n-x}$$

実務で応用する場合、上記の式はnが大きくなると計算が煩雑で実用的でない。そこで、２項分布の確率を計算する近似法として正規分布を利用する。

> **例題 3.15**　カードゲームで、技量の等しい３人で勝負するときの勝つ確率を 1/3 として、15 回勝負するときに、0 回～15 回勝つ確率はそれぞれいくらか。

$n = 15$、$p = 1/3$に対応する確率を計算すると、

$P(0) = {}_{15}\mathrm{C}_0(1/3)^0(2/3)^{15} = 0.002$

$P(1) = {}_{15}\mathrm{C}_1(1/3)^1(2/3)^{14} = 0.017$

$P(2) = 0.060$

$P(3) = 0.130$

$P(4) = 0.195$

$P(5) = 0.214$

$P(6) = 0.179$

$P(7) = 0.115$

$P(8) = 0.057$

$P(9) = 0.022$

$P(10) = 0.007$

$P(11) = 0.002$

$P(12) = 0.000$

：

求めた確率をもとにヒストグラムを作成すると、確率変数５の階級を中心とした左右対称の分布を得ることができる。このヒストグラム（分布）に、正規分布の密度関数（正規曲線）を当てはめると、非常によく当てはまることが分かる。

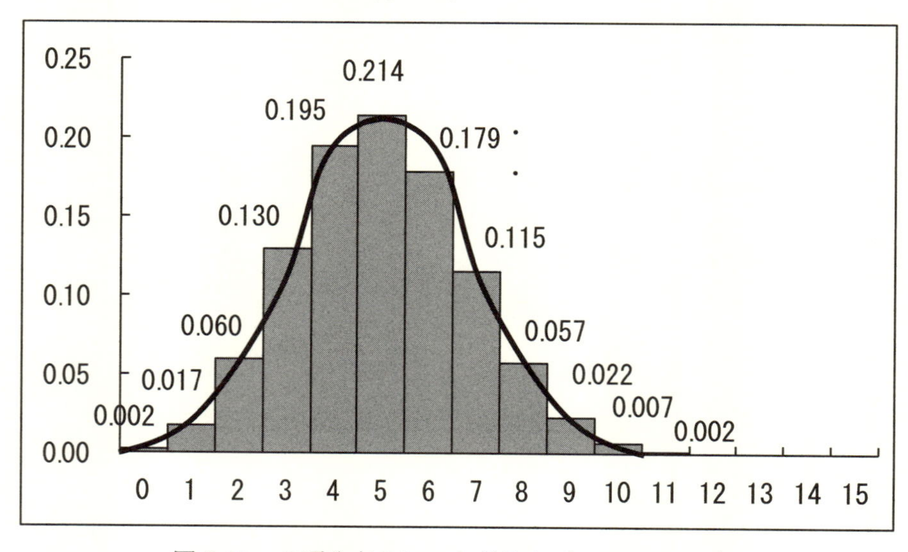

図 3.11　２項分布のヒストグラム（n=15、p=1/3）

正規曲線は平均μと標準偏差σにより決定されるため、当てはめた正規曲線はもとの２項分布の平均μと標準偏差σを持たなければならない。

$$\mu = np = 15 \times \frac{1}{3} = 5$$

$$\sigma = \sqrt{npq} = \sqrt{15 \times \frac{1}{3} \times \frac{2}{3}} = 1.83$$

つまり、$n = 15$、$p = 1/3$の２項分布は平均$\mu = 5$、標準偏差$\sigma = 1.83$の正規分布で近似することができそうである。以下の例題で、近似の精度を確認する。

> **例題 3.16**　先の例題と同様、カードゲームで、技量の等しい３人で勝負するときの勝つ確率を 1/3 として 15 回勝負するときに、少なくとも８回は勝つ確率はいくらか。

２項分布からこの確率を求めるには、前例題の$P(8)$～$P(15)$までの確率を加えればよい。つまり$p = 0.088$となる。

前例題のヒストグラムから幾何学的に求めると、この確率は確率変数が 7.5 より右側にある柱の面積の和である。近似した正規分布$N(5, 1.83^2)$の正規曲線から考えると、$P(x > 7.5)$を求めればよい。したがって、

$$z = \frac{x - \mu}{\sigma} = \frac{7.5 - 5}{1.83} = 1.37$$

$$P(x > 7.5) = P(z > 1.37) = 0.5 - 0.4147 = 0.0853$$

となり、２項分布から求めた確率は 0.088 であるから正規近似の精度はかなり良いことが分かる。

> **演習 3.9**　先の例題と同様、カードゲームで、技量の等しい３人で勝負するときの勝つ確率を 1/3 として９回勝負するときに、０回～９回勝つ確率はそれぞれいくらか。また、その確率をもとにヒストグラムを作成しなさい。

> **２項分布の正規近似**
>
> 経験的には、$p \le \frac{1}{2}$ならば$np > 5$を、$p > \frac{1}{2}$ならば$nq > 5$を満たすことで、
> ２項分布は$\mu = np,\ \sigma = \sqrt{npq}$の正規分布に精度良く近似できる。　（ただし、$q = 1 - p$）

3.5.2 割合（X／N）の場合

離散変数（計数値）の処理の場合、回数や件数ではなく、割合(x/n)で表すことも多い。２項分布の正規近似を用いて、以下のようにすれば確率変数zは標準正規分布N（0,　1²）に従う。

$$z=\frac{x-\mu}{\sigma}=\frac{x-np}{\sqrt{npq}}$$

分子分母をnで割り、$\hat{p}=x/n$とすれば、

$$z=\frac{\frac{x}{n}-p}{\frac{\sqrt{npq}}{n}}=\frac{\hat{p}-p}{\sqrt{\frac{pq}{n}}}$$

は$N(0,1^2)$の分布に従う。

（$\mu=p$、$\sigma=\sqrt{\frac{pq}{n}}$　の正規分布である。）

> **例題 3.17**　ある政党の支持率は、世論調査の結果 40%であった。ある地区で 200 人の有権者にアンケートを実施したとき、支持率が 30%を下回る確率はいくらか。

$p=0.4,\ n=200,\ \hat{p}=0.3$の２項分布の問題として考える。

$$\sigma=\sqrt{\frac{pq}{n}}=\sqrt{\frac{0.4\times0.6}{200}}=0.0346$$

$$\mu=p=0.4$$

を持つ正規分布上で、$\hat{p}=0.3$より小さい確率も求める問題である。

標準化の公式より、zは以下のようになる。

$$z=\frac{\hat{p}-p}{\sqrt{\frac{pq}{n}}}=\frac{0.3-0.4}{0.0346}=-2.89$$

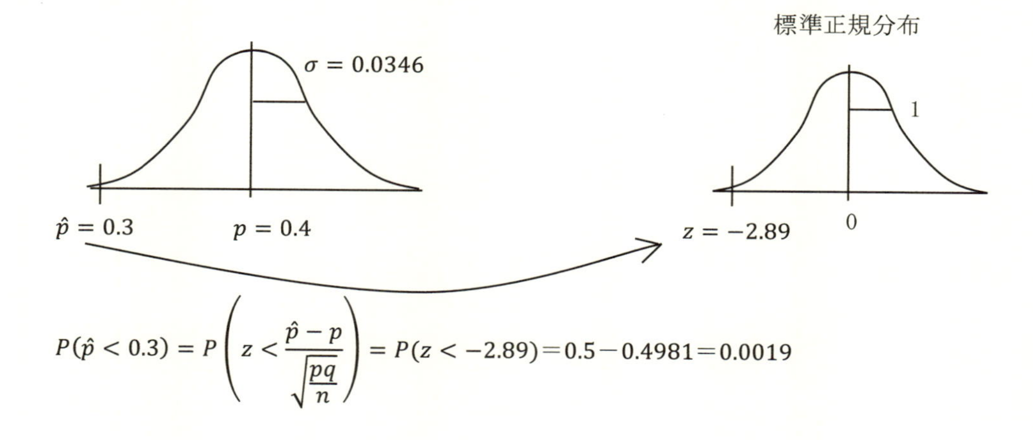

$$P(\hat{p}<0.3)=P\left(z<\frac{\hat{p}-p}{\sqrt{\frac{pq}{n}}}\right)=P(z<-2.89)=0.5-0.4981=0.0019$$

参考　割合ではなく人数で考えれば、$n = 200$、$x = 200\times0.3 = 60$、$np = 200\times0.4 = 80$で、

$$z = \frac{x-\mu}{\sigma} = \frac{x-np}{\sqrt{npq}} = \frac{60-80}{\sqrt{200\times0.4\times06}} = -2.89$$

となる。

> **演習 3.10**　ある製品の不良品が発生する確率は5%である。1箱100個詰めで出荷するとき、1箱の中に不良品が3個より少ない確率を近似的に求めなさい。

> **演習 3.11**　ある番組のTV視聴率の調査結果は20%であった。無作為に100軒を抽出し電話で調査したとき、その番組を見ている割合が30%を超える確率を近似的に求めなさい。

3.6　平均値の分布

定理　確率変数xが平均μ、標準偏差σの正規分布に従うなら、大きさnの無作為抽出に基づく標本平均$\bar{x}$は、平均μ、標準偏差$\sigma/\sqrt{n}$の正規分布に従う。

例題 3.18　男子生徒の身長の分布は平均 170cm、標準偏差 8cm の正規分布に従うとする。この集団から$n = 25$のサンプルを抽出したとき、標本平均$\bar{x}$が 168cm から 172cm の割合を求めよ。

平均値の分布の標準偏差は、以下で求められる。

$\sigma_{\bar{x}} = \sigma/\sqrt{n} = 8/\sqrt{25} = 1.6$

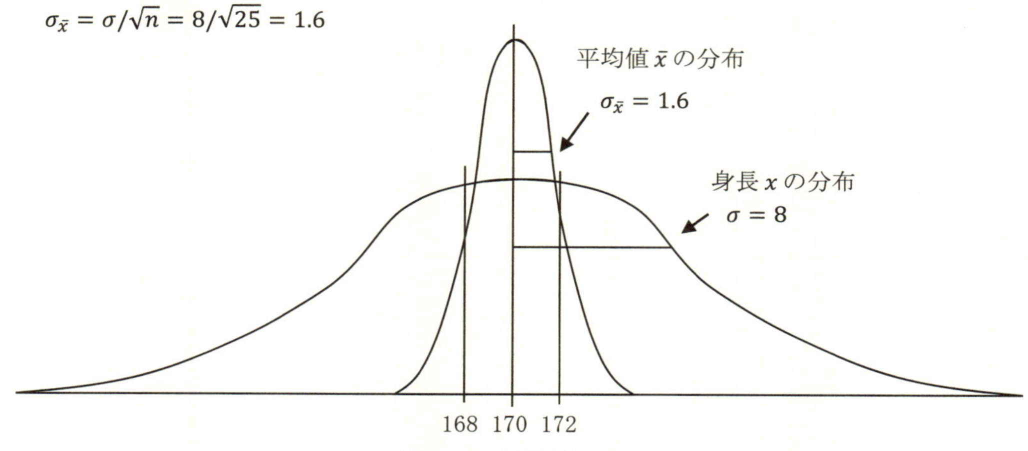

図 3.12　平均値の分布

$z_1 = (168 - 170)/1.6 = -1.25$

$z_2 = (172 - 170)/1.6 = 1.25$

$P(168 < \bar{x} < 172) = P(-1.25 < z < 1.25)$

$= 0.3944 + 0.3944 ＝ 0.7888$

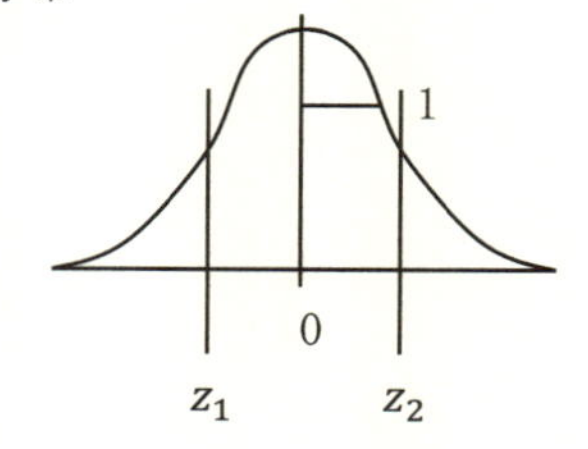

参考　平均値の分布ではなく、この母集団から抽出した個々の確率変数xが、168cm から 172cm の割合を求めると、以下のようになる。

z_1＝（168－170）／8＝－0.25

z_2＝（172－170）／8＝0.25

$P(168 < x < 172) = P(-0.25 \leqq z \leqq 0.25)$

$= 0.0987 + 0.0987 ＝ 0.1974$

上記の性質は、母集団の分布がいかなるものでも成り立つことが知られている。これを中心極限定理という。平均値を扱う場合には、母集団の分布に関わらず平均値が正規分布することは、実務的に非常に有用で、今後登場する多くの統計的検討を可能とする。

中心極限定理

確率変数xが平均μ、標準偏差σの分布に従うなら、大きさnの無作為抽出に基づく標本平均$\bar{x}$は、nが無限に大きくなるとき、平均μ、標準偏差$\sigma/\sqrt{n}$の正規分布に従う。

例題 3.19　ある製品の不純物濃度の平均 70ppm、標準偏差 8ppm であることが分かっている。あるロットから$n = 16$のサンプルを抽出したとき、標本平均$\bar{x}$が 66.08ppm から 73.92ppm である確率を求めよ。

$\sigma_{\bar{x}} = \sigma/\sqrt{n} = 8/\sqrt{16} = 2$

$z_1 = (66.08 - 70)/2 = -1.96$

$z_2 = (73.92 - 70)/2 = 1.96$

$P(66.08 < \bar{x} < 73.92) = P(-1.96 < z < 1.96)$

$= 0.4750 + 0.4750 = 0.95$　(95%)

演習 3.12　ある製品の寸法は、平均μ=120mm、標準偏差 5mm であることが分かっているとき、製品検査のため大きさ 25 個の標本をとり平均を計算している。この平均が以下の条件を満たす確率を求めよ。

(1) 121.5mm を超える確率

(2) 119.52mm より短い確率

(3) 117.42mm から 122.58mm の確率

Excel による演習

中心極限定理

Excel により平均値の分布（中心極限定理）の実験を行う。

・[ツールー分析ツール]から「乱数発生」を選択する。

・乱数発生の種類と数を設定する。

標準正規分布の乱数を 9 列、100 行（900 個）発生させる。

変数の数　→　発生させる乱数の列数

乱数の数　→　発生させる乱数の行数

分布　　　→　発生させる乱数の分布

・分布のパラメータを設定する。

標準正規分布（平均→0，標準偏差→1）

・ランダムシードを設定する。

乱数の初期値で任意の値を入力する（値を変更することで異なった乱数を発生させる）。

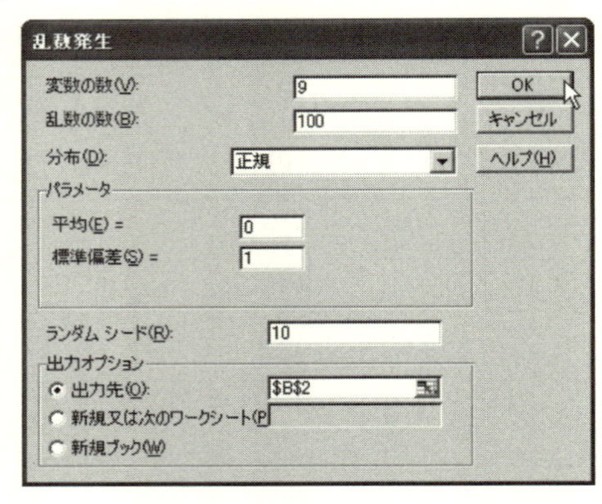

・出力先オプションを設定する。ここでは同一シート上のセルを指定する。

・発生した乱数の列ごとの平均を K 列に計算する（AVERAGE 関数）。

・さらに、平均（K 列）の平均値（AVERAGE 関数）と標準偏差（STDEV.P 関数）を計算する。

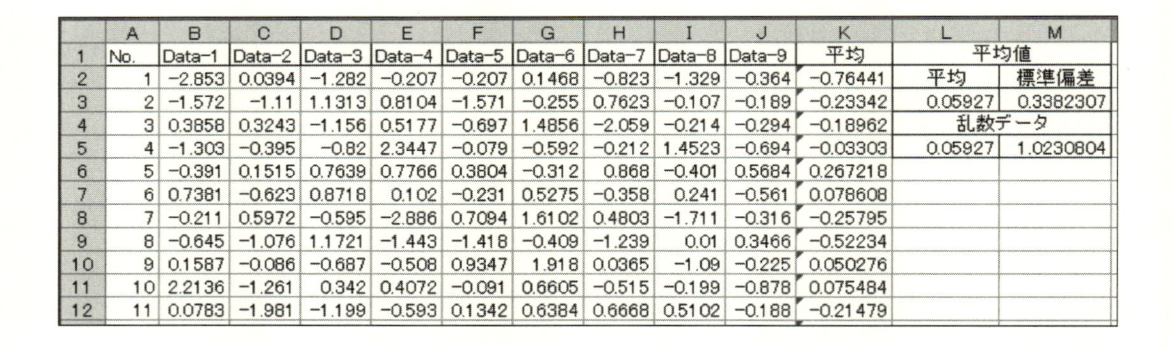

	A	B	C	D	E	F	G	H	I	J	K	L	M
1	No.	Data-1	Data-2	Data-3	Data-4	Data-5	Data-6	Data-7	Data-8	Data-9	平均	平均値	
2	1	−2.853	0.0394	−1.282	−0.207	−0.207	0.1468	−0.823	−1.329	−0.364	−0.76441	平均	標準偏差
3	2	−1.572	−1.11	1.1313	0.8104	−1.571	−0.255	0.7623	−0.107	−0.189	−0.23342	0.05927	0.3382307
4	3	0.3858	0.3243	−1.156	0.5177	−0.697	1.4856	−2.059	−0.214	−0.294	−0.18962	乱数データ	
5	4	−1.303	−0.395	−0.82	2.3447	−0.079	−0.592	−0.212	1.4523	−0.694	−0.03303	0.05927	1.0230804
6	5	−0.391	0.1515	0.7639	0.7766	0.3804	−0.312	0.868	−0.401	0.5684	0.267218		
7	6	0.7381	−0.623	0.8718	0.102	−0.231	0.5275	−0.358	0.241	−0.561	0.078608		
8	7	−0.211	0.5972	−0.595	−2.886	0.7094	1.6102	0.4803	−1.711	−0.316	−0.25795		
9	8	−0.645	−1.076	1.1721	−1.443	−1.418	−0.409	−1.239	0.01	0.3466	−0.52234		
10	9	0.1587	−0.086	−0.687	−0.508	0.9347	1.918	0.0365	−1.09	−0.225	0.050276		
11	10	2.2136	−1.261	0.342	0.4072	−0.091	0.6605	−0.515	−0.199	−0.878	0.075484		
12	11	0.0783	−1.981	−1.199	−0.593	0.1342	0.6384	0.6668	0.5102	−0.188	−0.21479		

4章　推定

4.1　点推定

4.1.1　不偏推定値

２章で記述したように、母集団に含まれる事象の数が膨大な場合には、母集団の性質をすべての事象を測定して求めるのは不可能である。したがって、母集団の性質を、中心としての平均 μと、ばらつきとしての標準偏差 σ（分散 σ^2）として捉えるために、サンプリングによって標本を抽出し平均 $\bar{x}$と標準偏差 sを計算し、母集団の平均 μと標準偏差 σを推定する。前者を母数、後者を標本推定値といい、母数を偏りなく推定する推定値を不偏推定値という。

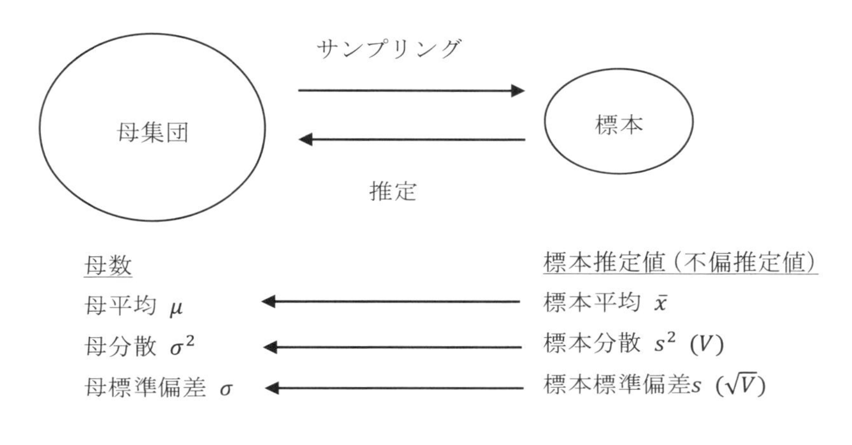

図 4.1　母数と標本推定値

ある母集団の母数 θ(シータ)に対して、いくつかの推定値 $\hat{\theta}$（シータ・ハット)が考えられる。その推定値のなかで期待値(平均)が母数 θと一致する推定値 $\hat{\theta}$を不偏推定値という。

不偏推定値　母数θの推定値$\hat{\theta}$のうち、以下が成立するものをいう。

$$E(\hat{\theta}) = \theta$$

例題 4.1　標本から計算された標本平均 $\bar{x}$は母平均 μの不偏推定値であることを証明する。

母集団の分布は平均μをもつので、確率変数$x_1, x_2, \cdots x_n$の期待値は、

$$E[x_1] = E[x_2] = \cdots = E[x_n] = \mu$$

である。

標本から計算された$\bar{x}$の期待値は、以下のようになる。

$$E[\bar{x}] = E\left[\frac{1}{n}(x_1 + \cdots + x_n)\right]$$

$$= \frac{1}{n}E[x_1 + \cdots + x_n]$$

$$= \frac{1}{n}(E[x_1] + \cdots + E[x_n])$$

$$= \frac{1}{n}(\mu + \cdots + \mu) = \frac{1}{n} \cdot n\mu$$

$$= \mu$$

例題 4. 2　標本から計算された標本分散 s^2（V）は、母分散σ^2の不偏推定値であることを証明する。

$E[s^2] = E[V] = \sigma^2$ を証明する。

$$E[V] = E\left[\frac{1}{n-1}\sum_{i=1}^{n}(x_i - \bar{x})^2\right]$$

$$= \frac{1}{n-1}E\left[\sum_{i=1}^{n}\{(x_i - \mu) - (\bar{x} - \mu)\}^2\right]$$

$$= \frac{1}{n-1}E\left[\sum_{i=1}^{n}(x_i - \mu)^2 - 2(\bar{x} - \mu)\sum_{i=1}^{n}(x_i - \mu) + (\bar{x} - \mu)^2\sum_{i=1}^{n}1\right]$$

$$= \frac{1}{n-1}E\left[\sum_{i=1}^{n}\{(x_i - \mu)^2 - n(\bar{x} - \mu)^2\}\right]$$

$$= \frac{1}{n-1}\left(\sum_{i=1}^{n}E[(x_i - \mu)^2] - nE[(\bar{x} - \mu)^2]\right) \quad (1)$$

ここで、母集団の分布は母平均μ、母分散σ^2をもつので、

$$V[x_i] = E[(x_i - \mu)^2] = \sigma^2$$

したがって、

$$E[(\bar{x} - \mu)^2] = V[\bar{x}]$$

$$= V\left[\frac{1}{n}\sum_{i=1}^{n}x_i\right]$$

$$= \frac{1}{n^2}V\left[\sum_{i=1}^{n}x_i\right]$$

$$= \frac{1}{n^2}\left[\sum_{i=1}^{n}V[x_i]\right] = \frac{1}{n^2}\sum_{i=1}^{n}\sigma^2$$

$$= \frac{1}{n}\sigma^2$$

(1)式に代入すると、

$$E[V] = \frac{1}{n-1}\left(\sum_{i=1}^{n} \sigma^2 - n \cdot \frac{1}{n}\sigma^2\right)$$

$$= \frac{1}{n-1}(n-1)\sigma^2 = \sigma^2$$

＊ｎ－１で割ることの意味

上記のように、不偏推定値として求める分散は、ｎで割るのではなく、ｎ－１で割る。これの意味を考えてみる。

本来、分散を求める際、偏差平方和の計算に用いる平均はμであるが、標本から計算する場合には、推定値$\bar{x}$を用いている。

定数　　　　　　　　　　　　　　確率変数

母数　$S = \sum(x_i - \mu)^2)$　$\sigma^2 = \frac{S}{n}$　　　標本　$S = \sum(x_i - \bar{x})^2)$　$s^2 = \frac{S}{n-1}$

したがって、標本分散s^2には平均$\bar{x}$の分布の分散が加算される（分散の加法性）。

$s^2 = \sigma^2 + s_{\bar{x}}^2$　　　$s_{\bar{x}}^2 = s^2 / n$　だから、

$$s^2 = \sigma^2 + s^2 / n$$
$$ns^2 = S + s^2$$
$$s^2 = \frac{S}{n-1}$$

ｎ－１を自由度といい ν（ニュー）で表すことにする。

定理　分散の加法性

確率変数x_A，x_Bが$N(\mu_A, \sigma_A{}^2)$，$N(\mu_B, \sigma_B{}^2)$のとき、$x_A \pm x_B$の分布は、

平均　$\mu_A \pm \mu_B$

分散　$\sigma_A{}^2 + \sigma_B{}^2$

の正規分布に従う。

$$\mu_{A \pm B} = \mu_A \pm \mu_B$$
$$\sigma_{A \pm B} = \sqrt{\sigma_A{}^2 + \sigma_B{}^2}$$

4.2 連続変数（計量値）の区間推定

4.2.1 区間推定の考え方

前節で記述されているように、標本から求められた不偏推定値は点推定と呼ばれるが、推定値の精度を保証するものではない。一般に標本のデータが多ければ確からしいと考えられるが、どの程度のデータがあれば、精度が良いかを判断することはできない。そこで、母数の入っている範囲を、ある確率（信頼率）で推定する区間推定という統計的推定法がある。

区間推定　未知の母数θに対して、

$$P(a < \theta < b) = \beta \quad (0 < \beta < 1)$$

となるとき、

$$a < \theta < b$$

を信頼率(信頼度) β (β×100%)の信頼区間という。

信頼率βは一般に 0.95、0.99（95%、99%）をとることが多い。

母平均μの信頼区間の場合は、以下のように記述される。

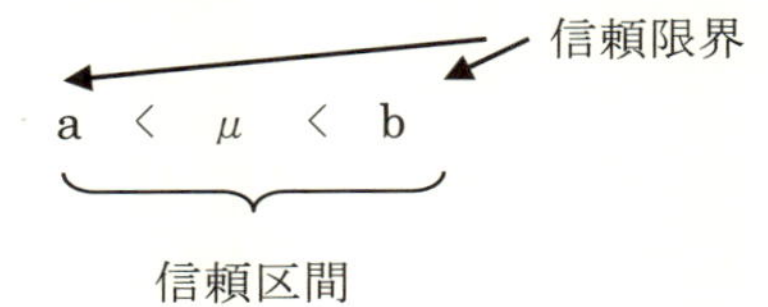

＊参考

$\beta = 1 - \alpha$

と記述され、αは危険率と呼ばれる。

4.2.2 母平均の区間推定（σ既知）

母集団の母標準偏差σがあらかじめ分かっている場合（σ既知）の、母平均の区間推定を考えてみる。ここで、前章の 3.6 中心極限定理の例題をみると、以下の通りである。

例題 4.3　ある製品の不純物濃度の平均 70ppm、標準偏差 8ppm であることが分かっている。あるロットから n=16 のサンプルを抽出したとき、標本平均$\bar{x}$が 66.08ppm 以上かつ、73.92ppm 以下である確率を求めよ。

$\sigma_{\bar{x}} = \sigma/\sqrt{n} = 8/\sqrt{16} = 2$

$z_1 = (66.08 - 70) / 2 = -1.96$

$z_2 = (73.92 - 70) / 2 = 1.96$

$P(66.08 \leqq \bar{x} \leqq 73.92) = P(-1.96 \leqq z \leqq 1.96)$

$\qquad = 0.4750 + 0.4750 = 0.95 \ (95\%)$

これの幾何学的意味は以下のようになる。不純物の平均値の分布上の 66.08、73.92 は標準化の公式により、標準正規分布上で－1.96、1.96 となり、この範囲に入る確率は 0.95（95%）であることが標準正規分布表から求められる。

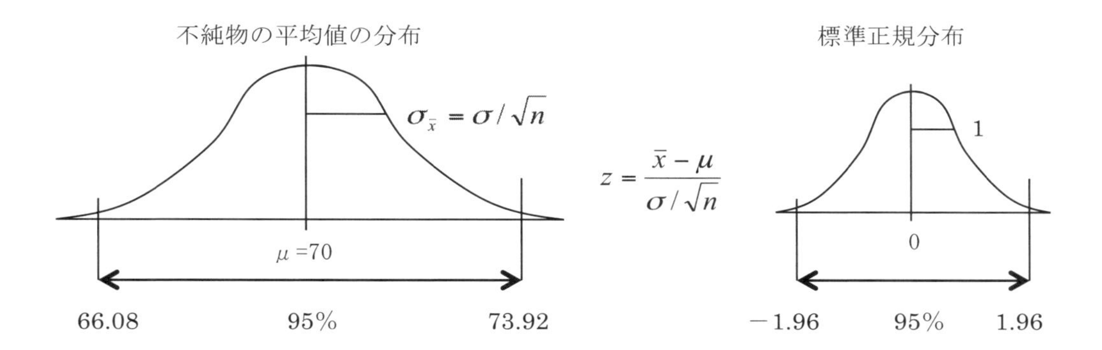

これは、以下のように考えることもできる。つまり、不純物のある平均値 $\bar{x}$ が求められたとき、その母平均 μ が 66.08 から 73.92 にある確率が 95%である。

$P(66.08<\mu<73.92)=0.95$　(95%)

標準正規分布上では、

$P(-1.96<z<1.96)=0.95$　(95%)

であり、不純物の平均値の分布での 66.08 は母平均 $\mu=70$ から $1.96\sigma_{\bar{x}}$ 左に、73.92 は $1.96\sigma_{\bar{x}}$ 右に位置する。

$$66.08 = 70 - 1.96\sigma_{\bar{x}} = 70 - 1.96\frac{\sigma}{\sqrt{n}} = 70 - 1.96 \times \frac{8}{\sqrt{16}}$$

$$73.92 = 70 + 1.96\sigma_{\bar{x}} = 70 + 1.96\frac{\sigma}{\sqrt{n}} = 70 + 1.96 \times \frac{8}{\sqrt{16}}$$

したがって、$\beta=0.95$　（信頼率 95%）の母平均 μ の信頼区間は、以下の通りである。

$$\bar{x} - 1.96\frac{\sigma}{\sqrt{n}} < \mu < \bar{x} + 1.96\frac{\sigma}{\sqrt{n}}$$

（ $-1.96 < \dfrac{\bar{x}-\mu}{\sigma/\sqrt{n}} < 1.96$　を　μ で整理することで上記の式を導くことができる ）

他の信頼率の場合も同様に、信頼率に対応した標準正規分布上の z を求めることで、μ の信頼区間を求めることができる。

$\beta=0.99$ の場合は、

$P(-2.58<z<2.58)=0.99$　(99%)

$$-2.58 < \frac{\bar{x}-\mu}{\sigma/\sqrt{n}} < 2.58$$

$$\bar{x} - 2.58\frac{\sigma}{\sqrt{n}} < \mu < \bar{x} + 2.58\frac{\sigma}{\sqrt{n}}$$

となる。

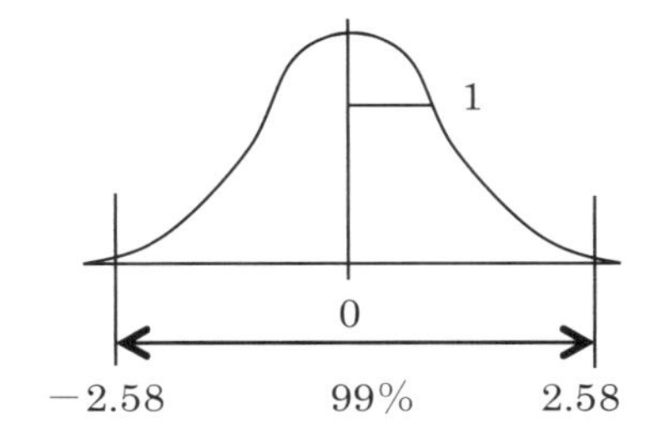

母平均の区間推定（σ既知）

信頼率βに対応する信頼区間は、以下で求められる。

β＝0.95　　$\bar{x}-1.96\dfrac{\sigma}{\sqrt{n}}<\mu<\bar{x}+1.96\dfrac{\sigma}{\sqrt{n}}$

β＝0.99　　$\bar{x}-2.58\dfrac{\sigma}{\sqrt{n}}<\mu<\bar{x}+2.58\dfrac{\sigma}{\sqrt{n}}$

例題 4.4　男子生徒の身長の分布において標準偏差σが 8cm であることが分かっているとき、25 人の生徒を無作為に抽出し、身長を測って平均を求めたところ、172cm であった。

(1)信頼率 95%で母平均μの信頼区間を求めよ。

(2)信頼率 99%で母平均μの信頼区間を求めよ。

(1)　$\bar{x}-1.96\dfrac{\sigma}{\sqrt{n}}<\mu<\bar{x}+1.96\dfrac{\sigma}{\sqrt{n}}$

$172-1.96\dfrac{8}{\sqrt{25}}<\mu<172+1.96\dfrac{8}{\sqrt{25}}$

$168.86<\mu<175.14$

(2)　$\bar{x}-2.58\dfrac{\sigma}{\sqrt{n}}<\mu<\bar{x}+2.58\dfrac{\sigma}{\sqrt{n}}$

$172-2.58\dfrac{8}{\sqrt{25}}<\mu<172+2.58\dfrac{8}{\sqrt{25}}$

$167.87<\mu<176.13$

演習 4.1　ある製品の重量は管理状態であり、標準偏差σ＝1.5g と分かっている。この製造工程からランダム（無作為）に 4 個を抜き取り、平均を求めたところ、$\bar{x}$＝20.4g となった。

(1)信頼率 90%で母平均μの信頼区間を求めよ。

(2)信頼率 95%で母平均μの信頼区間を求めよ。

Excel による演習

区間推定（σ既知）

現実の問題では、上記のように標準偏差σが既知で母平均μが未知である場合は少ない。一般に標本 n が十分大きい場合は（n≧25)、標本から計算された統計量を母数として扱うことが多い（大標本法)。

例題 4.5　ある製品の製造工程からランダム（無作為）に 100 個抜き取り、以下の重量(mg)のデータを得た。
(1)信頼率 95%で母平均μの信頼区間を求めよ。
(2)信頼率 99%で母平均μの信頼区間を求めよ。

・標本平均、標本標準偏差を求める。
・信頼度 95%、99%のそれぞれの下限、上限信頼限界を求める。
＊任意の信頼度に対応するためには、NORM.S.INV 関数により z 値を求める。

重量データ(mg)

	A	B	C	D	E	F	G	H	I	J
1	489	455	508	544	541	560	423	491	538	461
2	475	440	435	465	472	425	480	485	504	487
3	488	487	546	497	493	482	569	530	583	477
4	558	443	518	531	567	497	481	523	486	526
5	449	470	446	487	498	500	488	576	439	474
6	409	550	455	477	526	516	530	520	451	460
7	524	511	467	491	504	519	504	468	565	517
8	502	529	530	477	467	538	457	445	524	522
9	577	550	545	503	500	515	499	463	437	528
10	515	521	507	464	543	489	470	471	484	484

L	M	N	O	P	Q	R	S
標本平均	498.07	←	=AVERAGE(A1:J10)				
標本標準偏差	38.0099	←	=STDEV.S(A1:J10)				
95%下限	490.62	←	=M1-1.96*M2/SQRT(100)				
95%上限	505.52	←	=M1+1.96*M2/SQRT(100)				
99%下限	488.263	←	=M1-2.58*M2/SQRT(100)				
99%上限	507.877	←	=M1+2.58*M2/SQRT(100)				
信頼度 →	0.95						
下限	490.62	←	=M1-NORM.S.INV((1-M10)/2+M10)*M2/SQRT(100)				
上限	505.52	←	=M1+NORM.S.INV((1-M10)/2+M10)*M2/SQRT(100)				

[参考]

「分析ツール」の「基本統計量」でも信頼区間を求めることができる。
・「基本統計量」の「出力オプション」設定で「平均の信頼区間の出力」にチェックをし、右のテキストボックスに信頼度(%)を入力する。

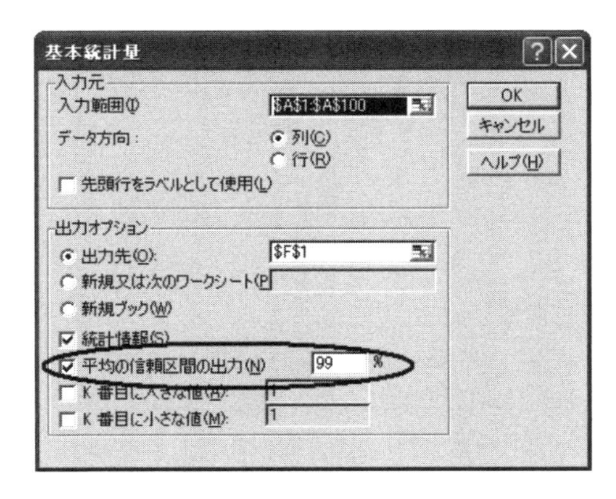

4.2.3　母平均の区間推定（σ未知）

母集団から抽出された標本が少ない場合（n＜25）の区間推定には、正規分布ではなくスチューデントのｔ分布を用いる。

ｔ分布（スチューデントのｔ分布）

平均値の分布において、母標準偏差σが未知で、小標本から求められた標本標準偏差sを用いると、

$$t = \frac{\bar{x} - \mu}{s/\sqrt{n}}$$

は、自由度$\nu = n - 1$のｔ分布をする。

σ既知の場合は、平均値の分布

$$z = \frac{\bar{x} - \mu}{\sigma/\sqrt{n}}$$

が、正規分布$N(0,1^2)$に従うことを利用したが、σ未知の場合はσの代わりにsを用いる。

大標本（近似的には n≧25）の場合はで$\sigma \fallingdotseq s$として正規分布を用いても良いが、nが小さい場合、σの代わりに不偏推定値である標本標準偏差sを用いると、上記の式は正規分布に従わなくなる。よって、新たにｔ分布を導入し、誤差を避ける必要がある。

ｔ分布の特徴としては、正規分布と同じように、単峰性、平均値で左右対称、平均値から単調減少することである。

ｔ分布は、自由度$\nu = n - 1$に対応する、確率αに対するｔ値（$t_\nu(\alpha)$）をｔ分布表（付録２）より求めることで用いられる。

ｔ分布表は$t_\nu(\alpha)$以上の確率αを与え、自由度$\nu = n - 1$に対応する$t_\nu(\alpha)$を求める。

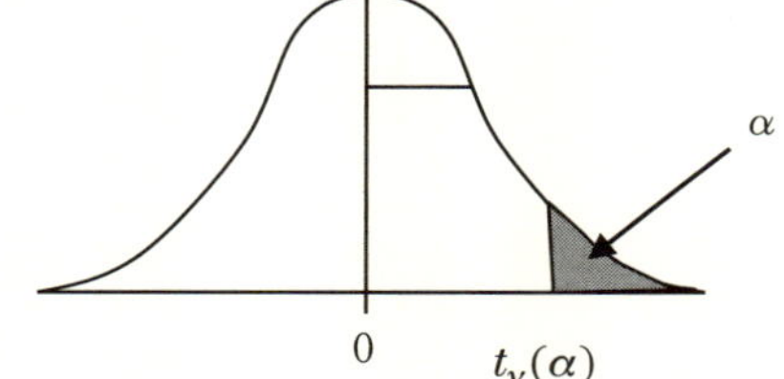

図 4.2　ｔ分布（ν=n－1）

信頼率 95%の母平均μの信頼区間は、σ既知の場合と同様に、以下のように考えることができる。平均値の分布におけるある平均が、μを中心に 95%に入る範囲はｔ分布により、

$\mu \pm t_\nu(0.025) \times s/\sqrt{n}$

である（β=0.95 なのでαは両側で 0.05 であるから、片側ではα/2＝0.025)。

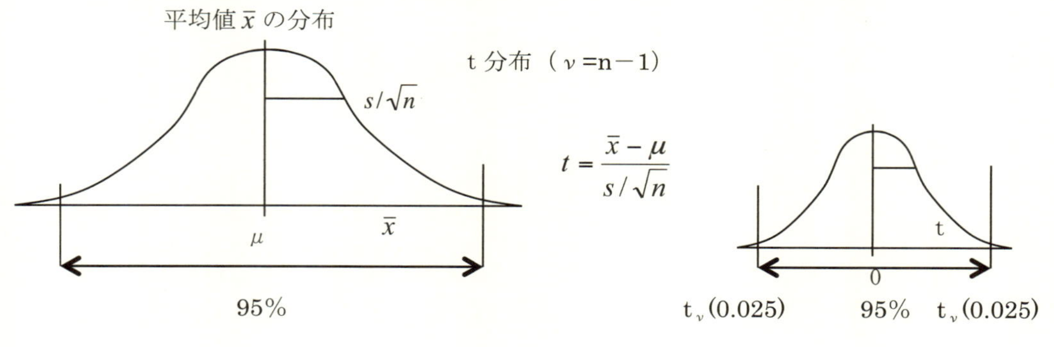

β=0.95 の信頼区間は、以下で求められる。

$$-t_\nu(\frac{0.05}{2}) < \frac{\bar{x}-\mu}{s/\sqrt{n}} < t_\nu(\frac{0.05}{2})$$

$$\bar{x}-t_\nu(0.025)\frac{s}{\sqrt{n}} < \mu < \bar{x}+t_\nu(0.025)\frac{s}{\sqrt{n}}$$

例題 4.6　ある化学精製の反応時間を短縮する添加剤の実験を行った。新たに添加剤を開発し実験を 25 回実施した。その反応時間の結果から平均$\bar{x}$ ＝62sec、標本標準偏差 s ＝5.5sec を得た。

(1)信頼率 95%で母平均μの信頼区間を求めよ。

(2)信頼率 99%で母平均μの信頼区間を求めよ。

母標準偏差σが未知なので、 t 分布を用いて区間推定を行う。

(1)信頼率 95%の信頼区間

$$\bar{x}-t_\nu(0.025)\frac{s}{\sqrt{n}} < \mu < \bar{x}+t_\nu(0.025)\frac{s}{\sqrt{n}}$$

$$62-t_{24}(0.025)\frac{5.5}{\sqrt{25}} < \mu < 62+t_{24}(0.025)\frac{5.5}{\sqrt{25}}$$

t 分布表より $t_{24}(0.025)=2.064$

$$62-2.064\frac{5.5}{\sqrt{25}} < \mu < 62+2.064\frac{5.5}{\sqrt{25}}$$

$$59.73 < \mu < 64.27$$

(2)信頼率 99%の信頼区間

同様に、βは両側で 99%なので、片側では 0.005 となる。

$$\bar{x}-t_\nu(0.005)\frac{s}{\sqrt{n}} < \mu < \bar{x}+t_\nu(0.005)\frac{s}{\sqrt{n}}$$

$$62-t_{24}(0.005)\frac{5.5}{\sqrt{25}} < \mu < 62+t_{24}(0.005)\frac{5.5}{\sqrt{25}}$$

t 分布表より $t_{24}(0.005)=2.797$

$$62-2.797\frac{5.5}{\sqrt{25}} < \mu < 62+2.797\frac{5.5}{\sqrt{25}}$$

$$58.92 < \mu < 65.08$$

σ未知の区間推定（ t 分布）

信頼率β ＝ 1 － αで母平均μの信頼区間は、以下で求められる。

$$\bar{x}-t_\nu\left(\frac{\alpha}{2}\right)\frac{s}{\sqrt{n}} < \mu < \bar{x}+t_\nu\left(\frac{\alpha}{2}\right)\frac{s}{\sqrt{n}}$$

演習 4.2　ある食品工程からランダムに製品を4個抜き取り、食品に含まれているカルシウム量を測定した。その結果から平均 $\bar{x}$ ＝210mg、標本標準偏差 s＝25mg を得た。
(1)信頼率 95%で母平均 μ の信頼区間を求めよ。
(2)信頼率 99%で母平均 μ の信頼区間を求めよ。

演習 4.3　前の演習おいて、製品を 25 個抜きとった場合の以下の信頼区間を求めよ（測定したカルシウム量は平均 $\bar{x}$ ＝210mg、標本標準偏差 s＝25mg）
(1)信頼率 95%で母平均 μ の信頼区間を求めよ。
(2)信頼率 99%で母平均 μ の信頼区間を求めよ。

＊注意

付録の t 分布表は、片側の面積を α として $t_\nu(\alpha)$ を与えるが、数値表の種類によっては、分布の両側の面積を α として $t_\nu(\alpha)$ を与えるものもある。そのような数値表を用いての区間推定は以下のようになる（β=0.95）。

$$\bar{x} - t_\nu(0.05)\frac{s}{\sqrt{n}} < \mu < \bar{x} + t_\nu(0.05)\frac{s}{\sqrt{n}}$$

数値表は t 分布に限らず、いくつかの種類があるので注意が必要である。

＊参考

t 分布において n を大きくすると、区間推定の幅は小さくなる。n→∞とすれば、確率 α に対する t 値は正規分布の z の値と同値となる。

Excel による演習

t 分布

t 分布の値を Excel の以下の関数で求めることができる。

・確率 $\alpha/2$ に対応する t 値（両側で確率 α）

T.INV.2T（確率 α の値，自由度）

確率 α から t 値を求めるための関数である。

この関数では、$0 < \alpha < 0.5$ の範囲でパラメータを指定する。

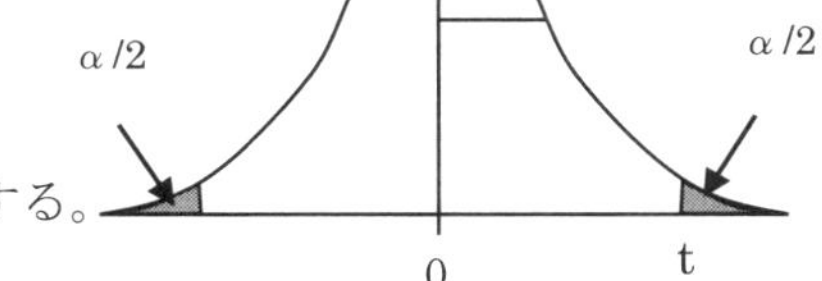

・ t 値から確率 α を求める

T.DIST.2T(t, 自由度)関数

t 値から確率 α を求めるための関数である。

この関数では、$t > 0$ の範囲でパラメータを指定する。両側で確率 α の値となる**有意確率**を求めるときに用いる。

	A	B	C	D	E
1	t分布表(α→t)				
2	自由度	α	t(両側)		
3	24	0.05	2.063899	←	=T.INV.2T(B3,A3)
4					
5	t分布表(t→α)				
6	自由度	t	α(両側)		
7	24	2.0639	0.05	←	=T.DIST.2T(B7,A7)

区間推定（σ未知）

例題 4.7　ある食品工程からランダムに製品を 20 個抜き取り、食品に含まれるカルシウム量(mg)を測定した結果、以下のデータを得た。

(1)信頼率 95%で母平均 μ の信頼区間を求めよ。

(2)信頼率 99%で母平均 μ の信頼区間を求めよ。

・標本平均、標本標準偏差を求める。

・信頼度と自由度から T.INV.2T 関数で t 値を求め、σ未知の母平均の区間推定式から下限、上限信頼限界を求める。

	A	B	C	D	E	F	G	H	I	J	K	L
1	226	201	206	194	206	154	206	176	213	222		
2	242	194	191	213	204	204	249	210	206	255		
3												
4						=AVERAGE(A1:J2)				→	平均	208.60
5						=STDEV.S(A1:J2)				→	標準偏差	23.32
6												
7											信頼度　→	0.95
8			=L4-T.INV.2T(1-L7,19)*L5/SQRT(20)							→	下限	197.69
9			=L4+T.INV.2T(1-L7,19)*L5/SQRT(20)							→	上限	219.51

4.3　割合ｐの区間推定

4.3.1　正規近似

３章で記述したように、２項分布は実務で応用する場合、ｎが大きくなると計算が煩雑で実用的でない。そこで、２項分布の確率を計算する近似法として正規分布を利用する。２項分布の確率変数は以下で表され、

$$P(x) = {}_n\mathrm{C}_x p^x (1-p)^{n-x} = \frac{n!}{x!(n-x)!} p^x (1-p)^{n-x} \qquad n{=}0,1,2,\cdots$$

$$\mu = np$$

$$\sigma = \sqrt{npq} \qquad (q = 1-p)$$

である。この、母平均μ、母標準偏差σを持つ正規分布に近似した。つまり、

$$z = \frac{x-\mu}{\sigma} = \frac{x-np}{\sqrt{npq}}$$

標準正規分布$N(0,1^2)$に従うことを用いた。

さらに、割合（Ｘ／Ｎ）の場合は分子分母をnで割り、

$$z = \frac{\frac{x}{n} - p}{\frac{\sqrt{npq}}{n}} = \frac{\hat{p}-p}{\sqrt{\frac{pq}{n}}}$$

が正規分布$N(0,1^2)$に従うことを用いて、割合pの区間推定を考える。

信頼率β＝0.95の場合は、平均値と同様に以下のように信頼区間を求めることができる。

$$-1.96 < \frac{\hat{p}-p}{\sqrt{\frac{pq}{n}}} < 1.96$$

$$\hat{p} - 1.96\sqrt{\frac{pq}{n}} < p < \hat{p} + 1.96\sqrt{\frac{pq}{n}}$$

信頼率β＝0.99の場合も同様に求められる。

割合pの区間推定（正規近似）

信頼率βに対応する割合pの信頼区間は、以下で求められる。

$\beta=0.95$　　$\hat{p}-1.96\sqrt{\frac{pq}{n}}<p<\hat{p}+1.96\sqrt{\frac{pq}{n}}$

$\beta=0.99$　　$\hat{p}-2.58\sqrt{\frac{pq}{n}}<p<\hat{p}+2.58\sqrt{\frac{pq}{n}}$

例題 4.8　ある議員の支持率を調査するために、500 人の有権者に対してアンケートを実施した。その結果、支持すると答えた有権者は 85 人であった。

(1)信頼率$\beta=0.90$(90%)で支持率pの信頼区間を求めよ。

(2)信頼率$\beta=0.95$(95%)で支持率pの信頼区間を求めよ。

(1) $\beta=0.90$

標準正規分布表より、0.90／２＝0.45 の面積を持つzの値を調べると、$z=1.64$（あるいは 1.65）である。したがって、区間推定は以下のようになる。

$$\hat{p}=\frac{85}{500}=0.17$$

$$\hat{p}-1.64\sqrt{\frac{pq}{n}}<p<\hat{p}+1.64\sqrt{\frac{pq}{n}}$$

nが十分大きいので、近似的に$p\fallingdotseq\hat{p}$として、

$$0.17-1.64\sqrt{\frac{0.17\times0.83}{500}}<p<0.17+1.64\sqrt{\frac{0.17\times0.83}{500}}$$

$$0.142<p<0.198$$

(2) $\beta=0.95$

$$\hat{p}=\frac{85}{500}=0.17$$

$$\hat{p}-1.96\sqrt{\frac{pq}{n}}<p<\hat{p}+1.96\sqrt{\frac{pq}{n}}$$

nが十分大きいので、近似的に$p\fallingdotseq\hat{p}$として、

$$0.17-1.96\sqrt{\frac{0.17\times0.83}{500}}<p<0.17+1.96\sqrt{\frac{0.17\times0.83}{500}}$$

$$0.137<p<0.203$$

例題 4.9　製造工程において、ある機械の稼働状況を調査するために、ランダムな時間間隔で 72 回稼働状況を観測した。その結果、稼働が 45 回で不稼働が 27 回であった。

(1)この機械の稼働率を信頼率 95%で推定せよ。

(2)求めた稼働率を±5%以内で推定するには、何回の観測が必要か。

(1) β =0.95 における信頼区間

$$\hat{p}=\frac{45}{72}=0.625$$

$$\hat{p}-1.96\sqrt{\frac{pq}{n}}<p<\hat{p}+1.96\sqrt{\frac{pq}{n}}$$

$$0.625-1.96\sqrt{\frac{0.625\times0.375}{72}}<p<0.625+1.96\sqrt{\frac{0.625\times0.375}{72}}$$

$$0.513<p<0.737$$

(2)観測回数

$$1.96\sqrt{\frac{pq}{n}}=0.05$$

$$1.96\sqrt{\frac{0.625\times0.375}{n}}=0.05$$

$$n=\frac{1.96^2\times0.625\times0.375}{0.05^2}=360.15$$

よって、361 回以上の観測が必要である。

＊参考

上記のような調査をワークサンプリングといい、製造工程の設備稼働率の調査などに使われる。実務的には β ＝0.95 に対応する標準正規分布の値 1.96 を近似的に 2 とすることが多い。

演習 4.4　ある公共事業について住民投票を計画している自治体がある。予備調査として 300 人の住民に対してアンケート調査を実施したところ、賛成が 225 人であった。信頼率 99%で賛成と答えている割合 p の信頼区間を求めよ。

5章　仮説検定

5.1　仮説検定の考え方

5.1.1　検定の意味

仮説検定とは、対象とする母集団に関して「ある仮説（仮定）」が正しいかどうかを、サンプル（データ）を用いて客観的に判定する方法である。仮説には、帰無仮説と対立仮説のどちらが正しいのかをデータから得られた情報に基づいて判断することになる。

以下の例で統計的検定の意味を考えてみる。

例題 5.1　ある会社は、これまでＡ社のガソリンを使用していた。１リットルあたりの走行距離の平均が 10.9km、標準偏差が 1.2 km であることが、過去のデータから分かっている。今回、単価が安いＢ社のガソリンに変更したい。走行距離に違いがあるか検討するために、100 回の走行テストを実施した結果、１リットルあたりの走行距離の標本平均 $\bar{x}$ =10.42km であった。

問題：Ａ社のガソリンとＢ社のガソリンの走行距離は等しいといえるか。

Ａ社のガソリンの走行距離の分布と n =100 の標本に基づいた平均値の分布を以下に示す。Ｂ社のガソリンがＡ社のガソリンと走行距離が等しいとすれば、n ＝100 の標本に基づいた平均値 $\bar{x}$ は、平均値の分布（右の分布）から抽出されたと考えられる。しかし、今回計算された平均値 $\bar{x}$ =10.42km は平均値の分布上でみると $\mu_{\bar{x}} = \mu$ =10.9 より、かなり左側に位置していることが分かる。平均 μ からの距離は σ の倍率で表され、この場合は、以下の通りである。

$$\frac{\bar{x}-\mu}{\sigma_{\bar{x}}} = \frac{\bar{x}-\mu}{\sigma/\sqrt{n}} \qquad \text{（標準化の公式）}$$

$$= \frac{10.42-10.9}{1.2/\sqrt{100}} = \frac{-0.48}{0.12} = -4$$

つまり、平均値 μ より今回計算された平均値 $\bar{x}$ =10.42km は 4 σ 左に位置している。

正規分布の性質から $\mu \pm 3\sigma$ の割合（確率）は 99.7%で、それを超える確率は 0.3%である。したがって、4 σ を超える値が出現する確率はほとんど 0 である（正確には標準正規分布表参照）。つまり、平均値 $\bar{x}$ =10.42km が、平均値の分布（右の分布）から抽出されたと考えるには無理がある。これは、Ｂ社のガソリンがＡ社のガソリンと走行距離が等しいという仮説が、間違っていることを示している。よって今回の結論は、「Ｂ社のガソリンがＡ社のガソリンと走行距離が等しいとは言えない」である。

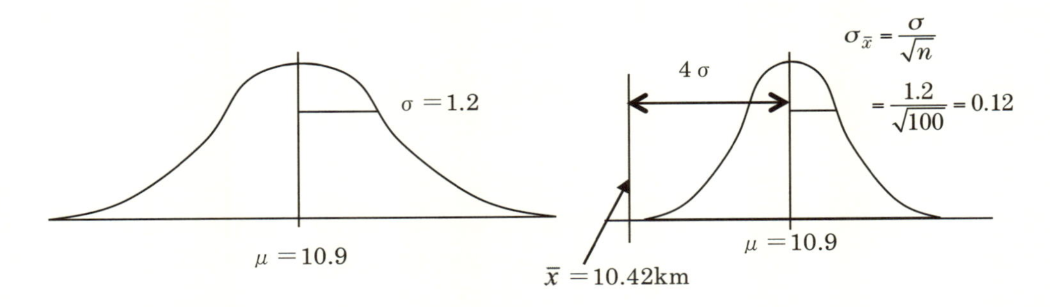

以上の手続きが統計的検定の考え方である。統計的検定に先立って、仮説を設定する。前例では、「Ｂ社のガソリンがＡ社のガソリンと走行距離が等しい」である。これを、帰無仮説という。また、帰無仮説が否定されたときに成り立つ仮説を対立仮説という。

帰無仮説 H_0：	棄却（否定）されることを前提に立てられる最初の仮説
対立仮説 H_1：	帰無仮説が棄却されたときに採択される仮説

帰無仮説と対立仮説には、第一種の誤り（帰無仮説が正しいにもかかわらず、棄却する誤り）と第二種の誤り（対立仮説が正しいにもかかわらず、帰無仮説が正しいと判断する誤り）がある。検定の考え方は、帰無仮説を棄却して対立仮説を採択することであり、第一種の誤りを小さくすることである。検定では、第一種の誤りを５％以下（または１％以下）に設定することが一般的であり、この設定値のことを危険率（有意水準）αという。

5.1.2　検定の手順

上記のような判定を行う場合、一般に、以下のような手順で進める。

①仮説の設定

・帰無仮説の設定

検定を行う場合の基本となる帰無仮説を設定する。

例えば、２つの母集団の平均は等しい（H_0：$\mu_A = \mu_B$）

・対立仮説の設定

検定の結果，帰無仮説が棄却された場合の採択すべき仮説

例えば、２つの母集団の平均は等しくない（H_1：$\mu_A \neq \mu_B$）

②統計量の算出

母集団よりサンプリングされた標本をもとに統計量を算出する。この統計量は、検定すべき母数とそのときの検定条件によりさまざまに変化する。

統計量：標本から計算された値が、どのような分布に従うかにより決定される。この例題では平均$\bar{x}$の分布が標準正規分布 $N(0,1^2)$に従うことを利用する。他の分布ではｔ分布、χ^2分布、F分布などがある。

③判定

危険率（有意水準）αを設定し、帰無仮説が正しいかどうか判定する。

αは通常 0.05（5%）あるいは 0.01（1%）用いる。判定に用いる数値（棄却域）は、数値表で確認する必要がある。

標本から計算された z 値がこの母集団からとられたにもかかわらず、誤って判定してしまう確率（第１種の過誤）α＝５％とする。平均値の区間推定で行ったように、

$$\bar{x} - 1.96\frac{\sigma}{\sqrt{n}} < \mu < \bar{x} + 1.96\frac{\sigma}{\sqrt{n}}$$

の範囲に 95%の確率で母平均μが入っている。逆に、同じ母集団からとられたデータであれば、この範囲を超える確率は 5%しかないことを示している。この例題では、z＝－4.0 であり、

$|z| \geqq 1.96$

なので、同じ母集団からとられたデータでないと考え、仮説H_0（Ｂ社のガソリンがＡ社のガソリンと走行距離が等しい）を棄却する。つまり、標本から計算された z 値がこの母集団からとられたものではないと結論づける。

今回の仮説は、平均値が等しいか、等しくないかを問題にしている。そのため、標本から計算された値は、正の値、負の値の両方をとりうるため、正規分布の両側に棄却域を設定する（図 5.1)。

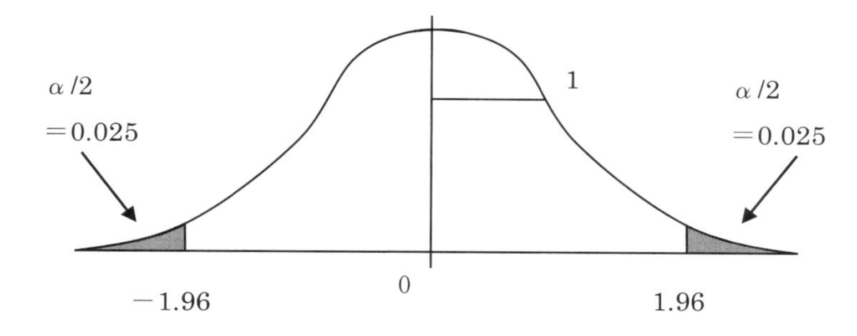

図 5.1　正規分布の棄却域（斜線の部分が棄却域）

先の例題に、この手順を適用する。

①仮説の設定　　帰無仮説　$H_0 : \mu = 10.9$

　　　　　　　　対立仮説　$H_1 : \mu \neq 10.9$

②統計量の算出

平均値の分布は、以下の式により標準正規分布 $N(0,1^2)$に従う。

$$U_o = \frac{\bar{x} - \mu_o}{\sigma_{\bar{x}}} = \frac{\bar{x} - \mu_o}{\sigma / \sqrt{n}}$$

$$= \frac{10.42 - 10.9}{1.2 / \sqrt{100}} = \frac{-0.48}{0.12} = -4$$

③判定

危険率（有意水準）α＝5%の場合　$|u_0| \geqq 1.960$ ならば仮説H_0を棄却する。

$|u_0| = 4 \geqq 1.960$ である。よって、仮説H_0を棄却しH_1を採択する。

一般に、H_1を採択する場合、統計的検定の結論では、危険率（有意水準）$\alpha=5\%$で有意である（有意な差がある）ということが多い（逆にH_0採択する場合は、有意でないという）。

実際的意味は、「B社のガソリンがA社のガソリンと走行距離が等しいとは言えない」である。

＊注意

この例題における帰無仮説　$H_0：\mu=10.9$ の意味するところは、B 社のガソリンの走行距離の母平均μは、A 社の母平均 10.9 と等しいと言うことである。言い換えると、B 社の標本から計算された平均値 $\bar{x}=10.42$km は、A 社と同じ母集団からとられた平均値であるということである。

$$U_o=\frac{\bar{x}-\mu_o}{\sigma_{\bar{x}}}=\frac{\bar{x}-\mu_o}{\sigma/\sqrt{n}}$$

は標準化の公式の z 値と同じであるが、標本から計算された統計量の表記には、添字「o：observe」を付け U_oとする場合が多い。

5.1.3　両側検定、片側検定

前例での仮説の設定は、

帰無仮説　$H_0：\mu=\mu_0$（$\mu_0=10.9$）

対立仮説　$H_1：\mu\neq\mu_0$（$\mu_0=10.9$）

であった。H_0はB 社のガソリンの走行距離の母平均μは、A 社の母平均 10.9 と等しいであり、H_1はB 社のガソリンの走行距離の母平均μは、A 社の母平均 10.9 と等しくないである。判定では、棄却域を正規分布の両側にとって検定した。これを両側検定という。

しかし、H_0が棄却されたときに成立するH_1は、μ_0に対して確実に小さい、あるいは大きい場合も考えられる。このとき設定される仮説は、以下のようになる。

帰無仮説　$H_0：\mu=\mu_0$

対立仮説　$H_1：\mu<\mu_0$　（あるいは、$\mu>\mu_0$）

このような対立仮説を設定する検定を片側検定という。

例題 5.1 において、問題を以下のように変更した場合を考える。

問題：B社のガソリンはA社のガソリンと比較し、走行距離が少ないと言えるか。

手順に従って検定を実施する。

①仮説の設定　　帰無仮説　$H_0：\mu=10.9$

　　　　　　　　対立仮説　$H_1：\mu<10.9$

（H_1は、B社のガソリンはA社のガソリンと比較し、走行距離が少ない）

②統計量の算出

平均値の分布は、以下の式により標準正規分布 $N(0,1^2)$に従う。

$$U_o = \frac{\bar{x} - \mu_o}{\sigma_{\bar{x}}} = \frac{\bar{x} - \mu_o}{\sigma / \sqrt{n}}$$

$$= \frac{10.42 - 10.9}{1.2 / \sqrt{100}} = \frac{-0.48}{0.12} = -4$$

③判定

危険率（有意水準）$\alpha = 0.05$ の場合、棄却域は片側（負値）だけなので、$|u_0| \geqq 1.64$ ならば仮説H_0を棄却する（図 5.2）。

$|u_0| = 4 \geqq 1.64$ である。よって、仮説H_0を棄却しH_1を採択する。

危険率（有意水準）$\alpha = 0.05$ で有意である。

Ｂ社のガソリンはＡ社のガソリンと比較し、走行距離が少ないといえる。

以降、統計的検定では両側検定を基本として解説する。

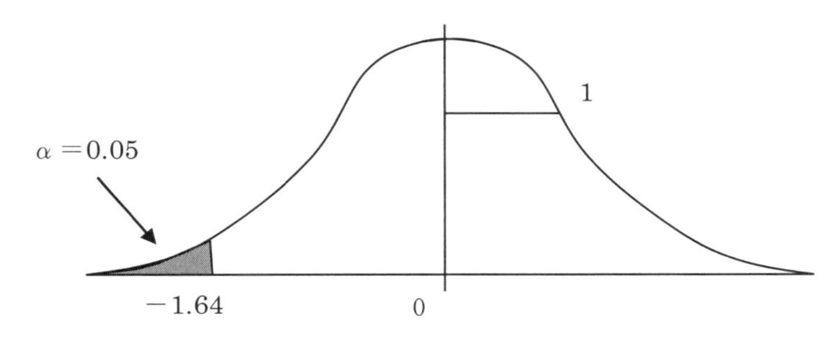

図 5.2　正規分布の棄却域（片側検定）

両側検定		**片側検定**
帰無仮説	$H_0 : \mu = \mu_0$	$H_0 : \mu = \mu_0$
対立仮説	$H_1 : \mu \neq \mu_0$	$H_1 : \mu < \mu_0$（あるいは、$\mu > \mu_0$）

5.2　平均値の検定

5.2.1　母平均に関する検定（σ が既知の場合）

過去のデータの蓄積などにより、母集団の標準偏差の値が分かっている場合（σ 既知の場合）の母集団の平均に関する検定の方法を解説する（5.1 の例と同じ考え方）。

母集団の平均 μ である場合、ある値 μ_0 に等しいという仮説を検定する場合は、母集団の標準偏差 σ が過去のデータから分かっていることが前提である。

手順１　仮説の設定　帰無仮説　$H_0 : \mu = \mu_0$

　　　　　　　　　　対立仮説　$H_1 : \mu \neq \mu_0$

手順２　データから $\bar{x}$ を求める。

手順３　データから平均の標準偏差　$\sigma / \sqrt{n}$ を求める。

手順４　正規分布　N $(0,1^2)$ となる u_0 の値を求める。

$$u_0 = \frac{\bar{x} - \mu_0}{\sigma / \sqrt{n}}$$　標準正規分布 $N(0,1^2)$ に従う。

手順５　判定　危険率（有意水準）5%の場合　$|u_0| \geqq 1.96$ ならば仮説 H_0 を棄却する。

　　　　　　　危険率（有意水準）1%の場合　$|u_0| \geqq 2.58$ ならば仮説 H_0 を棄却する。

例題 5.2　例題 5.1 と同様、これまでＡ社のガソリンを使用していた。１リットルあたりの走行距離の平均が 10.9km、標準偏差が 1.2 km であることが、過去のデータから分かっている。単価が安いＢ社のガソリンに変更したが走行距離に違いがあるかを検定する。

表　走行距離（km／ﾘｯﾄﾙ）

No.	1	2	3	4	5	6	7	8	9	10	平均
走行距離	10.7	11.5	10.8	12.4	10.4	10.3	11.5	10.4	12.1	10.7	11.08

手順１　仮説の設定　帰無仮説　$H_0 : \mu = 10.9$

　　　　　　　　　　対立仮説　$H_1 : \mu \neq 10.9$

手順２　データから平均を求める。　$\bar{x} = 11.08$

手順３　データから平均の標準偏差を求める。

$\sigma / \sqrt{n} = 1.2 / \sqrt{10} = 1.2 / 3.16 = 0.379$

手順４　u_0 の値を求める。

$u_0 = (11.08 - 10.9) / 0.379 = 0.475$

手順５　判定　危険率（有意水準）5%の場合　$|u_0| \geqq 1.96$ ならば仮説 H_0 を棄却する。

$|u_0| = 0.475 < 1.96$ である。よって、$\alpha = 0.05$（有意水準 5%）で有意でない。

Ａ社とＢ社のガソリンは、走行距離に違いがないといえる。

演習 5.1　長年使用していた調味料の塩分濃度は、平均で8.4%、標準偏差が1.4%である。新しく購入した調味料の塩分濃度に違いがあるか検定せよ。

表　新しく購入した調味料の塩分濃度（%）

No.	1	2	3	4	5	6	7	8
塩分濃度	8.1	8.5	8.0	8.3	7.6	8.2	8.6	8.7

5.2.2　母平均に関する検定（σが未知の場合）

実際の検定や推定では、過去のデータが十分になく、σが推定できない場合が多い。ここでは、過去のデータの蓄積がなく、母集団の標準偏差σが未知の場合の平均に関する検定の方法を解説する。

σが分からない場合には、データから標本標準偏差s（$\sqrt{V}$）を計算し、σの代用値として検定を行うものである。データから求められた平均$\bar{x}$と母平均μの差に対して、標準偏差の推定値$\sqrt{V/n}$またはs／$\sqrt{n}$で割ったものは、自由度νのt分布に従う。自由度は、ν＝n－1として算出される。σの代用としてのs／$\sqrt{n}$を用いると、次式で示すことができる。

t分布

$$t = \frac{\bar{x} - \mu}{s / \sqrt{n}}$$　ν＝n－1のt分布に従う。

t分布はnの値で変形し、nが大きくなるほど、正規分布に近くなる。危険率（有意水準）5％の場合ではnが無限大となると、正規分布の1.960に限りなく近づくことになる（付録2　t分布表参照）。

母集団の平均μである場合、ある値μ_0に等しいという仮説を検定する方法を解説する。この場合は、母集団の標準偏差σが未知であり、データから標準偏差（分散）を推定する。

手順1　仮説の設定　帰無仮説　$H_0 : \mu = \mu_0$
　　　　　　　　　　対立仮説　$H_1 : \mu \neq \mu_0$

手順2　データから$\bar{x}$と分散Vを求める。

手順3　データから平均$\bar{x}$の標準偏差s／$\sqrt{n}$を求める。

手順4　t_0の値を求める。

$$t_0 = \frac{\bar{x} - \mu_0}{s / \sqrt{n}} \qquad \nu = n - 1 \text{ の t 分布に従う。}$$

手順５　判定　ｔ表より、自由度νと危険率（有意水準）α（0.05 または 0.01）から、ｔ値を調べる。危険率（有意水準）をαとすると、

$$|t_0| \geqq t_\nu\left(\frac{\alpha}{2}\right)$$

ならば仮説H_0を棄却しH_1を採択する。

（正規分布と同様、両側検定の場合は、$\alpha/2$ としてｔ値を求める）

例題 5.3　薬品メーカの成分表によれば、栄養剤に含まれるビタミンＢ２の含有率は、平均 7.5%である記載されている。実際に 10 本の栄養剤のビタミンＢ２の含有率を調べたら、次表のような結果となった。成分表どおりの含有率であるのか。

表　ビタミンＢ２の含有率(%)

No.	1	2	3	4	5	6	7	8	9	10	平均
含有率	7.4	7.8	7.2	8.3	7.3	7.9	8.8	7.3	7.9	8.5	7.84

手順１　仮説の設定　帰無仮説　$H_0 : \mu = 7.5\%$

対立仮説　$H_1 : \mu \neq 7.5\%$

手順２　データから$\bar{x}$とｓを求める。

$\bar{x} = 7.84$

$s = 0.554$

手順３　データから平均の標準偏差$s / \sqrt{n}$を求める。

標準偏差　$s / \sqrt{n} = 0.175$

手順４　t_0の値を求める。

$$t_0 = \frac{7.84 - 7.50}{0.175} = 1.940$$

手順５　判定　ｔ表より、危険率（有意水準）5%の場合のｔ値を調べる。

$|t_0| = 1.940 < t_9(0.025) = 2.262$

仮説H_0は棄却されない。よって、α=0.05（有意水準 5%）で有意でない。

成分表にある平均含有量に違いはないといえる。

演習 5.2　マニュアルには、発電機の電圧は 10.5 V と記載されている。実際に 11 台の電圧を調べたら下記の結果となった。マニュアルどおりの電圧であるのか検定せよ。

表　発電機の電圧（V）

No.	1	2	3	4	5	6	7	8	9	10	11
電圧	12.4	11.9	13.1	12.2	11.1	11.7	13.3	12.4	11.2	12.6	10.1

Excel による演習

母平均値の検定（σ 未知）

例題 5.4　例題 5.3 を Excel で処理する。

- データ数、平均、標準偏差を計算する。
- to 値を計算する。
- 危険率（有意水準）α に対応する棄却境界 t 値を計算する（4 章 51 ページ参照）。
- IF 関数により判定を行う。

IF（条件式、真の場合、偽の場合）、ABS(値)：絶対値

	A	B	C	D	E	F	G	H	I	J	K	L	M
1	データ												
2	7.4	7.8	7.2	8.3	7.3	7.9	8.8	7.3	7.9	8.5		母平均	7.5
3													
4							=COUNT(A2:J2)				→	データ数	10
5							=AVERAGE(A2:J2)				→	平均	7.84
6							=STDEV.S(A2:J2)				→	標準偏差	0.554
7					=(M5-M2)/(M6/SQRT(M4))						→	to 値	1.940
8													
9												危険率α	0.05
10						=T.INV.2T(M9,M4-1)					→	棄却域t値	2.262
11	=IF(ABS(M7)>=M10,"有意である","有意でない")										→	判定	有意でない

演習 5.3　規格ではタイヤの空気圧が 220kPa となっている。10 本のタイヤの空気圧を調べたら、下記の結果となった。規格どおりの空気圧であるのか検定せよ。

表　タイヤの空気圧（kPa）

No.	1	2	3	4	5	6	7	8	9	10
空気圧	210	221	228	209	231	219	208	225	205	223

5.3　2つの平均の比較

5.3.1　2つの母平均の比較とは

2つの母集団の比較は、日常さまざまな場面において行う必要がある。

例えば、①A機械とB機械で加工した製品の重さに違いがあるのか。

②男性と女性では作業時間に違いがあるのか。

③方法1と方法2の作業方法で、製品の寸法に違いがあるのか。

④A社とB社の医薬品の濃度に違いがあるのか。

などが挙げられる。このように、2つの母集団の平均値に差があるのかを調べることを、2つの平均値の差の検定という。ただし、比較する2つの母集団の分散が等しいと思われる場合と、異なる場合とでは、検定の方法が異なるので注意すること。（等分散性の検定については、5.4節を参照）

母集団A	→	推定：データをとり、平均、分散を計算する。	比較して判定
母集団B	→	推定：データをとり、平均、分散を計算する。	

5.3.2　2つの母平均値の差の検定（母分散が等しい場合）

母平均に差があるかどうかを調べる場合には、比較したい2つの母集団からデータをとって平均値 $\overline{x_A}$ と $\overline{x_B}$ を計算し、この差が0に近いかどうかを検討すればよい。

測定したデータには、ばらつき（誤差）があるので、このばらつき量も考慮したうえで、$|\overline{x_A} - \overline{x_B}|$ が一定の値より小さかった場合には、両者に差がないと判定する。

2つの平均値の差の検定（母分散が等しい場合）の検定方法を解説する。

手順1　仮説の設定　帰無仮説　H_0：$\mu_A = \mu_B$（母平均は等しい）

対立仮説　H_1：$\mu_A \neq \mu_B$

手順2　データから平均 $\overline{x_A}$ と $\overline{x_B}$、平方和 S_A と S_B を求める。

手順3　両者共通の母標準偏差を推定する。ここでは、両者は等分散であると仮定しているため、平均値の差の標準偏差 $\hat{\sigma}_{A-B}$ を推定する（分散の加法性）。

$$\hat{\sigma}_{A-B} = \sqrt{\frac{S_A - S_B}{n_A + n_B - 2}} = \sqrt{\frac{S_A - S_B}{\nu_A + \nu_B}}$$

手順4　t_0 の値を求める。

$$t_0 = \frac{\overline{x_A} - \overline{x_B}}{\hat{\sigma}_{A-B}\sqrt{\left(\frac{1}{n_A} + \frac{1}{n_B}\right)}}$$

$\nu = n_A + n_B - 2$ のt分布に従う。

手順5　判定　t表より、自由度 ν と危険率（有意水準）α（0.05または0.01）から、t値を調べる。危険率（有意水準）を α とすると　$|t_0| \geqq t_\nu\left(\frac{\alpha}{2}\right)$ ならば仮説 H_0 を棄却する。ただし、$\nu = n_A + n_B - 2$ である。

例題 5.5　Ａ機械とＢ機械で加工した製品の重さに違いがあるのかを知るために、表に示すとおり、Ａ機械とＢ機械のそれぞれの機械で加工した製品の重さ（ｇ）を測定した。両者の重さに違いがあるか検定する。

表　製品の重さ　　　　　　単位：ｇ

No.	1	2	3	4	5	6	7	8	9	10	平均
Ａ機械	10.4	10.8	9.7	10.6	10.9	9.6	9.5	10.5	10.9	10.7	10.36
Ｂ機械	11.7	10.9	11.0	11.3	11.6	10.5	12.0	10.7	11.5	12.2	11.34

手順１　仮説の設定　帰無仮説　H_0：$\mu_\mathrm{A}=\mu_\mathrm{B}$（母平均は等しい）

対立仮説　H_1：$\mu_\mathrm{A}\neq\mu_\mathrm{B}$

手順２　データから平均$\overline{x_\mathrm{A}}$と$\overline{x_\mathrm{B}}$、平方和S_AとS_Bを求める。

$\overline{x_\mathrm{A}}=10.36,\quad \overline{x_\mathrm{B}}=11.34,\quad S_\mathrm{A}=2.727,\quad S_\mathrm{B}=2.824$

手順３　両者共通の母標準偏差を推定する。ここでは、両者は等分散であると仮定しているため、平均値の差の標準偏差$\hat{\sigma}_{A-B}$を推定する（分散の加法性）。

$$\hat{\sigma}_\mathrm{A-B}=\sqrt{\frac{2.727-2.824}{10+10-2}}=0.555$$

手順４　t_0の値を求める。

$$t_0=\frac{10.36-11.34}{0.555\sqrt{\left(\frac{1}{10}+\frac{1}{10}\right)}}=-3.948$$

手順５　判定　ｔ表より、ｔ値を調べる。

危険率（有意水準）１％の場合　$|t_0|=3.948\geq t_{18}(0.005)=2.878$

平均に有意差が認められ、仮説H_0が棄却される。よって、危険率（有意水準）$\alpha=0.01$で有意である。

Ａ機械とＢ機械のそれぞれの機械で加工した製品の重さに違いがあるといえる。

演習 5.4　東京－山形間の飛行時間に違いがあるのかを検討するために、下記に示すとおり、Ａ航空会社とＢ航空会社の飛行時間（分）を測定した。飛行時間に違いがあるか検定せよ。

表　飛行時間（分）

No.	1	2	3	4	5	6	7	8	9	10	11	12
Ａ社	51	45	57	53	52	56	46	50	53	58	48	46
Ｂ社	54	57	49	50	58	47	51	59	60	49	53	55

Excel による演習

２つの母平均値の差の検定（母分散が等しい場合）

例題 5.6　例題 5.5 を Excel で処理する。

・分析ツールより「ｔ検定－等分散を仮定した２標本による検定」を選択する。
・入力元を設定する。
　変数１，２の入力範囲の設定
　ラベル　→　変数に項目名を含めた場合はチェックする。
　α　→　危険率（有意水準）
・出力オプションを設定する。

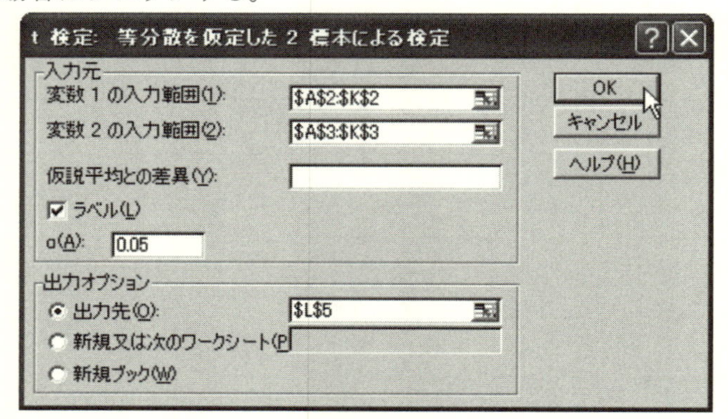

	A	B	C	D	E	F	G	H	I	J	K
1	データ										
2	A	10.4	10.8	9.7	10.6	10.9	9.6	9.5	10.5	10.9	10.7
3	B	11.7	10.9	11.0	11.3	11.6	10.5	12.0	10.7	11.5	12.2

	L	M	N
5	t-検定：等分散を仮定した2標本による検定		
7		A	B
8	平均	10.36	11.34
9	分散	0.3027	0.31378
10	観測数	10	10
11	プールされた分散	0.3082	
12	仮説平均との差異	0	
13	自由度	18	
14	t	-3.947	
15	P(T<=t) 片側	0.0005	
16	t 境界値 片側	1.7341	
17	P(T<=t) 両側	0.0009	
18	t 境界値 両側	2.1009	

統計量to → t
片側検定時の棄却境界値 → t 境界値 片側
両側検定時の棄却境界値 → t 境界値 両側
to値以下の確率 → P(T<=t) 片側，P(T<=t) 両側

$$|t_0| = 3.947 \geqq t_{18}\left(\frac{0.05}{2}\right) = 2.101$$

よって、危険率（有意水準）α=0.05（5%）で有意である。製品の重さに違いがあるといえる。

[参考]

標本数が十分大きい場合は(n≧25)、ｔ分布ではなく近似的に正規分布を用いた検定が使われる。

演習 5.5　A社とB社の洗濯洗剤の界面活性剤含有率に違いがあるのかを検討するために、測定した。界面活性剤の含有率（%）に違いがあるか検定せよ。

表　界面活性剤の含有率（%）

No.	1	2	3	4	5	6	7	8	9	10
A社	15.4	15.2	16.3	15.5	14.7	15.7	16.2	15.7	15.3	16.0
B社	14.7	14.4	15.6	13.6	14.4	15.0	13.2	14.5	15.1	13.8

5.3.3　2つの母平均値の差の検定（母分散が異なる場合：ウエルチの検定）

比較する2つの母集団の分散が異なる場合の検定の方法について、解説する。分散が異なる場合とは、等分散性の検定において、比較する2つの母集団の分散に有意差があると判断された場合（等分散性の検定については、5.4 節を参照）やデータから片方の母集団のばらつきが大きいと予想される場合などがある。平均値$\overline{x_{\mathrm{A}}}$と$\overline{x_{\mathrm{B}}}$を計算し、この差が0に近いかどうかを検討する過程は、母集団の分散が等しい場合の検定と考え方は同じである。しかし、母集団の分散が等しくない場合には、計算される統計量が異なる。すなわち、比較する2つの母集団の分散が異なる場合に、両者の標本分散Vとデータ数nより、判定基準となる自由度を算定したのち、その自由度によりｔ値を求めて（ｔ表より）、帰無仮説が成り立つのかを判定する。

手順1　仮説の設定　帰無仮説　H_0：$\mu_{\mathrm{A}} = \mu_{\mathrm{B}}$

　　　　　　　　　　対立仮説　H_1：$\mu_{\mathrm{A}} \neq \mu_{\mathrm{B}}$

手順2　データから平均$\overline{x_{\mathrm{A}}}$と$\overline{x_{\mathrm{B}}}$、標本分散$V_{\mathrm{A}}$と$V_{\mathrm{B}}$を求める。

手順3　t_0の値を求める。

$$t_0 = \frac{\overline{x_{\mathrm{A}}} - \overline{x_{\mathrm{B}}}}{\sqrt{\dfrac{V_{\mathrm{A}}}{n_{\mathrm{A}}} + \dfrac{V_{\mathrm{B}}}{n_{\mathrm{B}}}}}$$

は自由度νが、

$$c = \frac{V_A}{n_A} \Big/ \left(\frac{V_A}{n_A} + \frac{V_B}{n_B}\right)$$

$$\frac{1}{\nu} = \frac{c^2}{\nu_{\mathrm{A}}} + \frac{(1-c)^2}{\nu_{\mathrm{B}}}$$

のｔ分布に従う。

手順5　判定　ｔ表より、自由度νと危険率（有意水準）α（0.05または0.01）から、ｔ値を調べる。

危険率（有意水準）をαとすると　$|t_0| \geqq t_\nu\left(\dfrac{\alpha}{2}\right)$ならば仮説$\mathrm{H}_0$を棄却する。

例題 5.7 同じ作業を男性が行った場合と女性が行った場合の作業時間に違いがあるのかを検定する。等分散性の検定により、両者の作業時間の分散が異なっていることが分かっているとする。

表　測定データ（作業時間）　　単位：分

No.	1	2	3	4	5	6	7	8	9	10	平均
男性	4.21	5.49	4.26	4.56	6.03	4.26	5.55	4.39	6.24	5.17	5.016
女性	5.24	5.77	6.01	6.12	5.88	5.37	5.65	6.06	5.49	6.38	5.797

手順１　仮説の設定　帰無仮説　H_0 ： $\mu_A = \mu_B$

対立仮説　H_1 ： $\mu_A \neq \mu_B$

手順２　データから平均 $\overline{x_A}$ と $\overline{x_B}$、標本分散 V_A と V_B を求める。

$\overline{x_A} = 5.016,\ \overline{x_B} = 5.797,$

$V_A = 0.6058,\ V_B = 0.1305$

手順３　t_0 の値を求める。

$$t_0 = \frac{5.016 - 5.797}{\sqrt{\frac{0.6058}{10} + \frac{0.1305}{10}}} \fallingdotseq -2.878$$

手順４　自由度 ν を算出する。

$$c = \frac{0.6058}{10} \Big/ \left(\frac{0.1305}{10} + \frac{0.6058}{10}\right) = 0.8228$$

$$\frac{1}{\nu} = \frac{0.8228^2}{9} + \frac{(1 - 0.8228)^2}{9} = 0.0787$$

$\nu = 13$

手順５　判定　ｔ表より、ｔ値を調べる。

危険率（有意水準）5%の場合、$|t_0| = 2.8781 \geq t_{13}(0.025) = 2.160$

仮説 H_0 を棄却する。よって、危険率（有意水準）α=0.05 で有意である。

男性が行った場合と女性が行った場合の作業時間には違いがあるといえる。

演習 5.6 試験の英語と数学の平均値に違いがあるのかを検定せよ。

ただし、等分散性の検定により、両者の得点の分散が異なっていることが分かっているとする。

表　試験の得点　　単位：点

No.	1	2	3	4	5	6	7	8	9	10	11
英語	70	81	85	75	67	76	71	81	73	69	74
数学	75	50	88	74	43	90	87	62	75	78	67

Excel による演習

２つの母平均値の差の検定（母分散が異なる場合：ウエルチの検定）

例題 5.8　例題 5.7 を Excel で処理する。

・分析ツールより「t 検定－分散が等しくないと仮定した２標本による検定」を選択する。

・入力元を設定する。
　変数１，２の入力範囲の設定
　ラベル　→　変数に項目名を含めた場合はチェックする。
　α　→　危険率（有意水準）

・出力オプションを設定する。

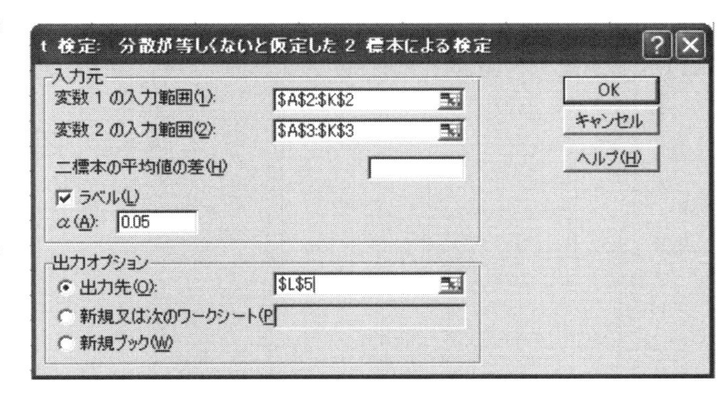

	A	B	C	D	E	F	G	H	I	J	K
1	データ										
2	男性	4.21	5.49	4.26	4.56	6.03	4.26	5.55	4.39	6.24	5.17
3	女性	5.24	5.77	6.01	6.12	5.88	5.37	5.65	6.06	5.49	6.38

	L	M	N
5	t-検定：分散が等しくないと仮定した2標本による検定		
6			
7		男性	女性
8	平均	5.016	5.797
9	分散	0.605827	0.130534
10	観測数	10	10
11	仮説平均との差異	0	
12	自由度	13	
13	t	-2.8781	
14	P(T<=t) 片側	0.00647	
15	t 境界値 片側	1.770932	
16	P(T<=t) 両側	0.012941	
17	t 境界値 両側	2.160368	

計算された自由度 → 自由度
統計量to → t
片側検定時の棄却境界値 → t 境界値 片側
両側検定時の棄却境界値 → t 境界値 両側
to値以下の確率 → P(T<=t) 片側，P(T<=t) 両側

$$|t_0| = 2.878 \geq t_{13}\left(\frac{0.05}{2}\right) = 2.160$$

よって、危険率（有意水準）α=0.05（5%）で有意である。男性と女性の作業時間には違いがあるといえる。

演習 5.7　ある会社の社員における男女の通勤時間に違いがあるのかを検定せよ。
ただし、等分散性の検定により、両者の通勤時間の分散が異なっていることが分かっているとする。

表　通勤時間（分）

No.	1	2	3	4	5	6	7	8	9	10	11	12
男性	80	91	82	95	55	73	50	68	90	87	95	30
女性	55	35	65	51	58	45	60	50	40	53	33	40

5.3.4 データに対応がある場合の検定

これまでに解説してきた２つの平均値の差の検定は、異なった２つの母集団からのデータを用いて、母平均や母分散を推定し検定を行った。しかし、同じ母集団を対象に各試料を比較する必要がある場合がある。例えば、同じ商品の重さをＡ測定器とＢ測定器で測定した場合の測定結果に違いがあるのか、同じ被験者に対して、右手と左手の握力の違いがあるのかなどである。この場合の差を調べるデータは、同一対象物に関して、組になっているデータの差 $x_d = x_A - x_B$ を算出し、その差が一定の値より小さかった場合には、両者に差がないと判断する。データに対応がある場合の検定を解説する。

手順１　仮説の設定　帰無仮説　H_0：$\mu_d = 0$（両者には差がない）

対立仮説　H_1：$\mu_d \neq 0$

手順２　組になっているデータの差 $x_d = x_A - x_B$ の平均値 $\overline{x_d}$ と標準偏差 s_d を求める。

手順３　t_0 の値を求める。

$$t_0 = \frac{\overline{x_d}}{s_d/\sqrt{n}}$$

$\nu = n - 1$ の t 分布に従う（n はデータ対の組数）。

手順４　判定　ｔ表より、自由度 ν と危険率（有意水準）α（0.05 または 0.01）から、ｔ値を調べる。危険率（有意水準）を α とすると

$$|t_0| \geq t_\nu\left(\frac{\alpha}{2}\right)$$

ならば仮説 H_0 を棄却する。

例題 5.9　同じ右利きの被験者に対して、右手と左手の握力に違いがあるのかを検定する。右手と左手の握力を測定し、その両者の差を算出した結果を表に示す。

表　左右の握力　　単位：kg

No.	1	2	3	4	5	6	7	8	9	10
右手	35.4	42.8	38.7	42.4	39.2	41.4	42.6	37.6	45.7	47.9
左手	34.2	40.1	36.2	38.7	39.3	38.1	40.3	37.5	41.3	44.6
差	1.2	2.7	2.5	3.7	-0.1	3.3	2.3	0.1	4.4	3.3

手順１　仮説の設定　帰無仮説　H_0：$\mu_d = 0$（両者には差がない）

対立仮説　H_1：$\mu_d \neq 0$

手順２　組になっているデータの差 $x_d = x_A - x_B$ の平均値 $\overline{x_d}$ と標準偏差 s_d を求める。

平均値 $\overline{x_d}$ ＝2.34、標準偏差 s_d ＝1.504

手順３　t_0の値を求める。

$$t_0 = \frac{2.34}{1.504/\sqrt{10}} = 4.919$$

手順４　判定　ｔ表より、ｔ値を調べる。

危険率（有意水準）1％の場合、$|t_0| = 4.919 > t_9\left(\frac{0.01}{2}\right) = 3.250$

仮説H_0を棄却する。よって、危険率（有意水準）α=0.01 で有意である。

右手と左手では握力に違いがあると言える。

演習 5.8　野球の投手が投げる球速を１塁側と３塁側で同時に測定した。測定位置により、測定結果に違いがあるのかを検討せよ。

表　投手の球速　　　単位：km

No.	1	2	3	4	5	6	7	8	9
１塁側	134	142	128	120	146	133	127	135	148
３塁側	137	147	126	115	142	131	122	133	150

■■■■■■■■■■■■ Excel による演習 ■■■■■■■■■■■■

データに対応のある場合の検定

例題 5.10　例題 5.9 を Excel で処理する。

・分析ツールより「ｔ検定：一対の標本による平均の検定」を選択する。

・入力元を設定する。

変数１，２の入力範囲の設定

ラベル　→　変数に項目名を含めた場合はチェックする。

α　→　危険率（有意水準）

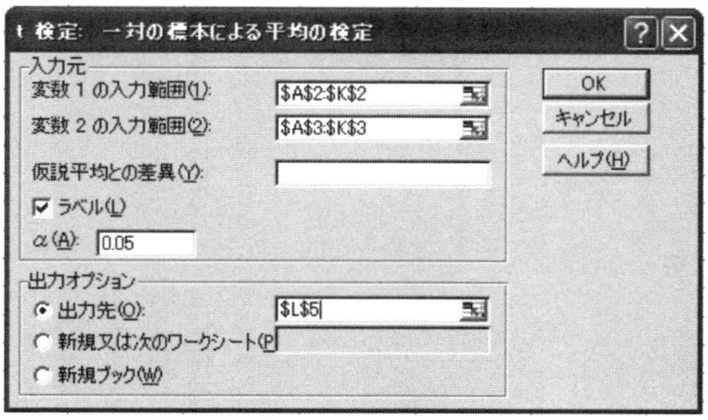

	A	B	C	D	E	F	G	H	I	J	K
1	データ										
2	右手	35.4	42.8	38.7	42.4	39.2	41.4	42.6	37.6	45.7	47.9
3	左手	34.2	40.1	36.2	38.7	39.3	38.1	40.3	37.5	41.3	44.6

t-検定: 一対の標本による平均の検定ツール

		右手	左手	
	平均	41.37	39.03	
	分散	14.189	8.184556	
	観測数	10	10	
右手と左手の相関係数 →	ピアソン相関	0.933099		
	仮説平均との差異	0		
	自由度	9		
統計量to →	t	4.919326		
	P(T<=t) 片側	0.000413		← to値以下の確率
片側検定時の棄却境界値 →	t 境界値 片側	2.821438		
	P(T<=t) 両側	0.000825		← to値以下の確率
両側検定時の棄却境界値 →	t 境界値 両側	3.249836		

$$|t_0| = 4.919 > t_9\left(\frac{0.01}{2}\right) = 3.245$$

よって、危険率（有意水準）α=0.01（1%）で有意である。右手と左手の握力に違いがあるといえる。

演習 5.9　2種類の測定器で部品の直径を測定した。測定器により、測定結果に違いがあるのかを検討せよ。

表　部品の直径（mm）

No.	1	2	3	4	5	6	7	8	9	10
A測定器	221	218	222	215	215	232	240	245	210	230
B測定器	223	220	226	219	210	243	242	250	212	237

5.4　分散の検定

5.4.1　母分散の比較

母集団からサンプリングしたデータは、一定の値にはならず、分布にばらつきがある。分布のばらつき度合いを表す平方和Sや分散V、標準偏差σの値が0ではなく、測定したデータには必ずばらつきがあるために、算出される。

平方和Sを母分散σ^2で割ったものの分布は、自由度$n-1$のχ^2（カイ２乗）分布に従う。

> **χ^2（カイ２乗）分布**
>
> $$\chi^2 = \frac{S}{\sigma^2} = \frac{(n-1)V}{\sigma^2}$$

χ^2の分布の形は、正規分布とは異なり、左右対称ではない。図で示すように、右側と左側にそれぞれ2.5%の棄却域に入る点、$x_\nu^2(0.025)$と$x_\nu^2(0.975)$をχ^2表で調べて、2つの母集団の分布のばらつきに違いがあるのかを判断する（α=0.05の場合）。すなわち、2つの母集団のばらつきが同じ（$\sigma_A^2 = \sigma_B^2$）であれば、計算された統計量は$x_\nu^2(0.025)$から$x_\nu^2(0.975)$の範囲内に入る。この検定方法を等分散性の検定という。

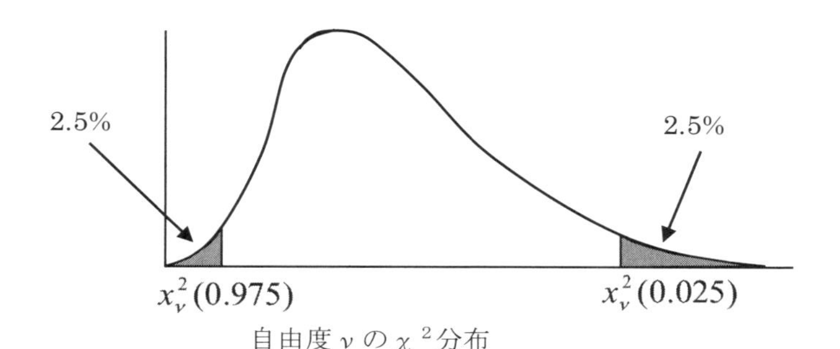

自由度νのχ^2分布

サンプリングされたデータから算出された母集団のばらつき量の母分散σ^2と、基準となるばらつき量（分散σ_0^2）が等しいのかを検定する。

手順１　仮説の設定　帰無仮説　$H_0 : \sigma^2 = \sigma_0^2$

　　　　　　　　　　対立仮説　$H_1 : \sigma^2 \neq \sigma_0^2$

手順２　平方和Sと自由度$\nu = n-1$を求める。

手順３　カイ２乗を計算する。$\chi_0^2 = \frac{S}{\sigma^2}$

手順４　判定

$\chi_0^2 \geq \chi_\nu^2(0.025)$または、$\chi_0^2 \geq \chi_\nu^2(0.975)$である場合には、仮説$H_0$を破棄する。ただし、危険率（有意水準）5%である。

例題 5.11　従来から使用しているＡ機械で加工した製品の寸法の加工精度（標準偏差）は、1.4mm であった。Ｂ機械を新たに購入したので、Ａ機械で加工した製品の寸法とＢ機械で加工した製品の寸法の加工精度に違いがあるのかを検定する。

表　測定データ（寸法）　　　　単位：mm

No.	1	2	3	4	5	6	7	8	9	10	平均
データ	6.9	7.5	8.2	7.4	7.8	7.7	8.0	7.3	7.2	8.1	7.61

手順１　仮説の設定　帰無仮説　$H_0 : \sigma^2 = 1.4^2$

対立仮説　$H_1 : \sigma^2 \neq 1.4^2$

手順２　平方和 S と自由度 $\nu = n - 1$ を求める。

$S = 1.609,\ \nu = 10 - 1 = 9$

手順３　カイ２乗を計算する。

$$\chi_0^2 = \frac{S}{\sigma^2} = \frac{1.609}{1.4^2} = 0.821$$

手順４　判定

$$\chi_0^2 \leq \chi_9^2(0.975) = 2.70$$

であるので、仮説 H_0 が破棄される。よって、危険率（有意水準）α=0.05 で有意である。よって、Ａ機械で加工した製品の寸法とＢ機械で加工した製品の寸法の加工精度に違いがあるといえる。

演習 5.10　規格では、重量計の測定精度（標準偏差）は 0.3kg 以内と決められている。ある製品の重さを９回測定した結果を示す。測定精度は規格に合っているのか検定せよ。

表　重量の測定結果　　　　単位：kg

No.	1	2	3	4	5	6	7	8	9
製品	50.8	51.1	50.2	49.7	51.3	50.7	50.1	49.8	50.4

Excel による演習

χ^2分布と分散の検定

χ^2分布の値を Excel の以下の関数で求めることができる。

・確率 α から χ 値を求める。

CHISQ.INV.RT(確率 α，自由度)

・χ 値から確率 α を求める。

CHISQ.DIST.RT(χ 値，自由度)

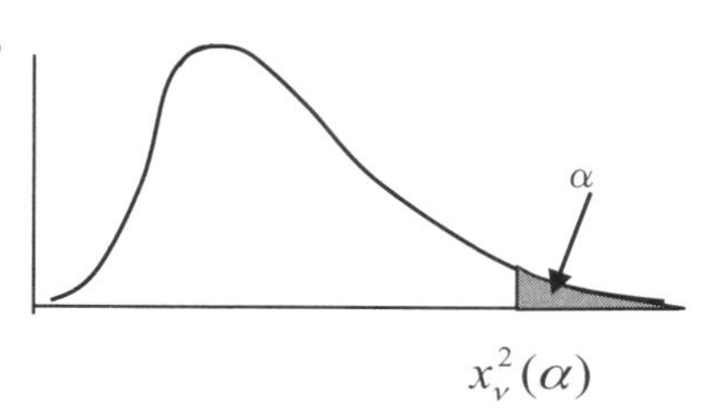

	A	B	C	D	E
1	χ2分布(α→χ)				
2	自由度	α	χ値		
3	10	0.025	20.48318	←	=CHISQ.INV.RT(B3,A3)
4					
5	χ2分布(χ→α)				
6	自由度	χ	α		
7	10	20.4832	0.025	←	=CHISQ.DIST.RT(B7,A7)

例題 5. 12　例題 5.11 を Excel で処理する。

・以下のように各パラメータを設定する。

・χ_0 値の計算式は　$\chi^2 = \frac{n-1}{\sigma^2} s^2$ を用いている。

	A	B	C	D	E	F	G	H	I	J	K	L	M
1	データ												
2	6.9	7.5	8.2	7.4	7.8	7.7	8.0	7.3	7.2	8.1		母標準偏差	1.4
3													
4							=COUNT(A2:J2)				→	データ数	10
5							=VAR.S(A2:J2)				→	不偏分散	0.179
6							=(M4-1)*M5/M2^2				→	χo	0.821
7													
8												危険率α	0.05
9					=CHISQ.INV.RT(1-M8/2,M4-1)						→	棄却下限χ	2.700
10					=CHISQ.INV.RT(M8/2,M4-1)						→	棄却上限χ	19.023
11	=IF(OR(M6<M9,M6>M10),“有意である“,“有意でない“)										→	判定	有意である

演習 5. 11　自動車のスピードメータの規格は、計測精度（標準偏差）を 2km/h 以内と決められている。時速 60km/h のスピードメータの値を 12 台測定した結果を示す。計測精度は規格を満たしているのか検定せよ。

表　スピードメータ値　　単位：km/h

No.	1	2	3	4	5	6	7	8	9	10	11	12
値	64	55	61	53	57	61	67	62	56	57	54	58

5.4.2　2つの母分散の比較

2つの母集団から取られたデータを比較し、両者の母分散に違いがあるのかを検定する方法を解説する。実際の場面において考えられる例を示す。

①A社の洋弓とB社の洋弓では、命中精度に違いがあるのか

②作業者A群と作業者B群が加工した製品の濃度のばらつきに違いがあるのか

③体温を測定する電子式体温計と水銀式体温計では測定精度に違いがあるのか

2つの母集団の分散を検定する方法を等分散性の検定といい、各母集団のサンプルデータから推定された母分散V_A, V_Bの比を取って、その比が有意に大きいかどうかで判定する手法である。

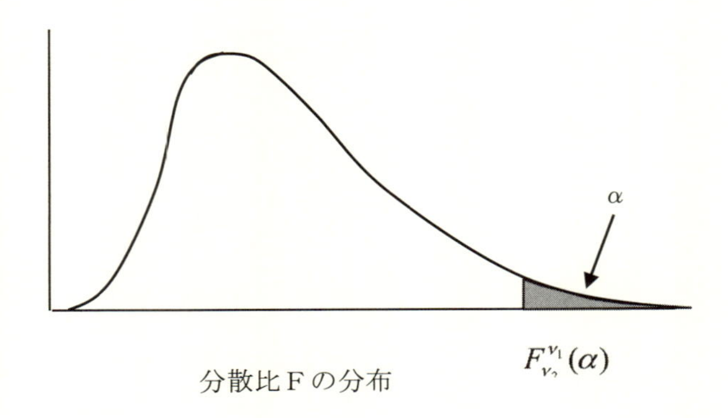

分散比Fの分布

分散比Fの分布は、図に示すように左右対称の形ではなく、左側に偏った分布になっており、自由度νにより分布が変化する。検定では、$V_A/V_B = 1$（両者の分散は同じである）と帰無仮説を設定し、分散比$F = V_A/V_B$がある一定の値より大きくなった場合には、両者の母集団の分散に違いがあると判定する。

F分布

$\sigma_A^2 = \sigma_B^2$と仮定した場合

$$F = V_A/V_B$$

は、自由度$(n_A - 1,\ n_B - 1)$のF分布となる。

2つの母集団からサンプリングされたデータのばらつき（分散）に違いがあるのかを検定する方法を解説する。

手順1　仮説の設定　帰無仮説　$H_0 : \sigma_A^2 = \sigma_B^2$

　　　　　　　　　　対立仮説　$H_1 : \sigma_A^2 \neq \sigma_B^2$

手順2　データより分散V_A, V_Bと自由度$(\nu_A = n_A - 1,\ \nu_B = n_B - 1)$を求める。

手順3　分散比Fを求める。

ここで注意することは、V_A, V_Bのうち、大きい値の方を分子とする。

$V_A \geq V_B$の場合　　$F_0 = V_A/V_B$

$V_A \leq V_B$の場合　　$F_0 = V_B/V_A$

手順４　判定

危険率（有意水準）α に対して、

$V_A \geq V_B$ の場合　　$F_0 \geq F_{\nu_B}^{\nu_A}\left(\frac{\alpha}{2}\right)$

$V_A \leq V_B$ の場合　　$F_0 \geq F_{\nu_A}^{\nu_B}\left(\frac{\alpha}{2}\right)$

であれば、仮説H_0を棄却する。

例題 5.13　体温を測定する電子体温計と水銀体温計では測定精度に違いがあるのかを同一被験者で各 10 回ずつ測定した結果を示す。測定精度に違いがあるのか検定する。

表　体温の測定　　単位：度

No.	1	2	3	4	5	6	7	8	9	10
電子	36.4	36.1	36.3	36.1	36.5	36.0	36.6	36.3	36.7	36.6
水銀	36.5	36.9	35.9	37.2	36.1	36.4	37.2	35.7	36.4	36.9

手順１　仮説の設定　帰無仮説　$H_0 : \sigma_A^2 = \sigma_B^2$

対立仮説　$H_1 : \sigma_A^2 \neq \sigma_B^2$

手順２　データより

分散　$V_A = 0.058,\ V_B = 0.275$

自由度　$\nu_A = n_A - 1 = 9,\ \nu_B = n_B - 1 = 9$

手順３　分散比を求める。ここで注意することは、V_A, V_B のうち、大きい値の方を分子とする。$V_A \leq V_B$ であるので、

$F_0 = V_B / V_A = 0.275 / 0.058 = 4.741$

手順４　判定

$V_A \leqq V_B$であるので、

$F_0 \geqq F_9^9(0.025) = 4.03$

である。したがって、仮説H_0が棄却される。危険率（有意水準）α=0.05 有意である。よって、測定精度に違いがあるといえる。

＊参考　等分散性の検定

母平均に関する検定（σ既知）の場合には、標本標準偏差sが母標準偏差σと等しいことが前提となる。この検定には χ^2（カイ２乗）分布による等分散性の検定（検定結果が有意でない）が必要となる（ χ^2 検定)。

２つの平均値の差の検定では、２つの母集団の分散が等しいことが前提となり、F 分布による等分散性の検定が必要である（F 検定)。検定の結果、有意となった場合には、母分散の異なる場合である 5.3.3 による検定が必要である。

演習 5.12　健常者と障害者に伝票を並べ替える作業を行わせた。作業時間のばらつき（分散）に違いがあるのか検定せよ。

表　作業時間　　　　単位：分

No.	1	2	3	4	5	6	7	8	9	10	11	12
健常者	5.4	5.7	4.8	6.4	5.1	5.5	6.7	5.7	4.9	5.4	7.1	6.8
障害者	5.8	5.1	6.7	8.1	7.5	8.8	7.3	5.1	5.4	7.9	8.5	7.9

■■■■■■■■■■■■■ Excel による演習 ■■■■■■■■■■■■■

F 分布と分散比の検定

F 分布の値を Excel の以下の関数で求めることができる。

・確率 α から F 値を求める。

F.INV.RT(確率 α，自由度１，自由度２)

・F 値から確率 α を求める。

F.DIST.RT(F 値，自由度１、自由度２)

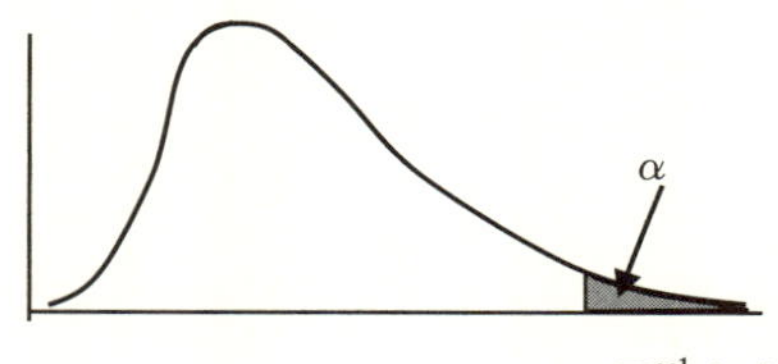

$F_{\nu 2}^{\nu 1}(\alpha)$

	A	B	C	D	E	F
1	F分布（α→F)					
2	自由度1	自由度2	α	F値		
3	10	5	0.05	4.735	←	=F.INV.RT(C3,A3,B3)
4						
5	F分布（F→α)					
6	自由度1	自由度2	F値	α		
7	10	5	4.735	0.05	←	=F.DIST.RT(C7,A7,B7)

例題 5.14　例題 5.13 を Excel で処理する。

・分析ツールより「F 検定：２標本を使った分散の検定」を選択する。

・入力元を設定する。

変数１，２の入力範囲の設定

ラベル　→　変数に項目名を含めた場合はチェックする。

α　→　危険率（有意水準）を 5%の場合は 0.025 を設定する。

［注意］分散比の検定は両側検定であるが、分析ツールの F 検定は片側検定を前提としているために、α を 1/2 とする。

・出力先を指定する。

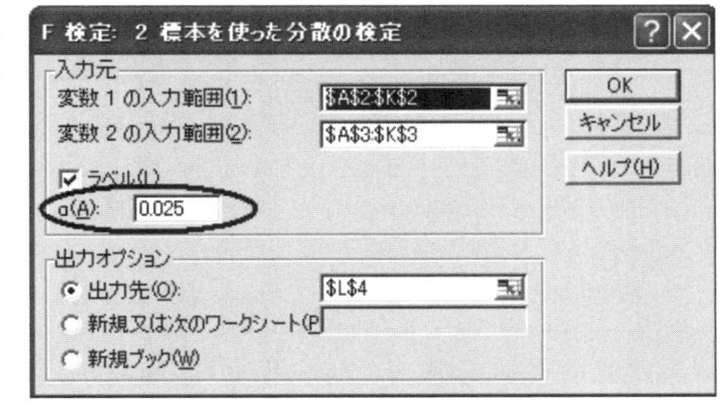

	A	B	C	D	E	F	G	H	I	J	K	L	M	N
1	データ													
2	水銀	36.5	36.9	35.9	37.2	36.1	36.4	37.2	35.7	36.4	36.9			
3	電子	36.4	36.1	36.3	36.1	36.5	36	36.6	36.3	36.7	36.6			
4												F-検定: 2 標本を使った分散の検定		
5														
6													水銀	電子
7												平均	36.52	36.36
8												分散	0.275111	0.058222
9												観測数	10	10
10												自由度	9	9
11												観測された分散比	4.725191	
12												P(F<=f) 両側	0.01508	
13												F 境界値 両側	4.025992	

$F_0 = 4.725 > F_9^9(0.025) = 4.026$

よって、危険率（有意水準）α=0.05（5%）で有意である。電子、水銀体温計の精度に違いがあるといえる。

演習 5.13　信号機が青信号から赤信号に変わった際のブレーキペダルを踏むまでの制動時間について、高齢者と成人を測定した。制動時間のばらつき（分散）に違いがあるのか検定せよ。

表　制動時間　　　　単位：ミリ秒

No.	1	2	3	4	5	6	7	8	9	10
高齢者	713	923	884	467	512	846	983	550	767	850
成人	482	511	466	492	515	552	452	601	535	555

5.5　計数値の検定

5.5.1　計数値と分布

測定されるデータには、時間、重さ、長さのような計量値データが一般的であるが、機械の故障回数や事故回数などの個数で得られるものや試験の実施率や製品のキズの数といった計数値データもある。

計量値データ　‥‥　時間（分）、重さ（g）、長さ（mm）など

計数値データ　‥‥　事故回数（回）、試験の実施率（%）、製品のキズの数（個）など

計量値のデータは、一般的に正規分布することが多く、母平均や母分散をデータより推定することで、検定を行うことができる。しかし、計数値のデータは、不良個数（個）、事故回数（回）、製品のキズの数（個）など、個数で測定されるため、正規分布に従うと仮定することはできない。計数値の個数などのデータは、2 項分布やポアソン分布という分布に従うことがいわれており、これらの発生確率を用いて、検定を行う。

＊2 項分布

３章で記述したように、２項分布は実務で応用する場合、ｎが大きくなると計算が煩雑で実用的でない。そこで、２項分布の確率を計算する近似法として正規分布を利用する。

２項分布の正規近似
経験的には、$p \le \dfrac{1}{2}$ ならば $np > 5$ を、$p > \dfrac{1}{2}$ ならば $nq > 5$ を満たすことで、 ２項分布は $\mu = np, \sigma = \sqrt{npq}$ の正規分布に精度良く近似できる $(q = 1 - p)$。

２項分布の確率変数は以下で表される（４章参照）

$$P(x) = {}_n\mathrm{C}_x p^x (1-p)^{n-x} = \frac{n!}{x!(n-x)!} p^x (1-p)^{n-x} \quad \text{n=0,1,2,}\cdots$$

$$\mu = np$$

$$\sigma = \sqrt{npq} \qquad (q = 1 - p)$$

である。この、母平均μ、母標準偏差σを持つ正規分布に近似した。つまり、

$$z = \frac{x - \mu}{\sigma} = \frac{x - np}{\sqrt{npq}}$$

標準正規分布N（0,　1^2）に従うことを用いた。

さらに、割合（X／N）の場合は分子分母をｎで割り、

$$z = \frac{\frac{x}{n} - p}{\frac{\sqrt{npq}}{n}} = \frac{\hat{p} - p}{\sqrt{\frac{pq}{n}}}$$

が正規分布Ｎ（0,　１²）に従うことを用いて、割合ｐに関する検定を行う。

＊ポアソン分布

機械の故障回数や製品のキズの数などの欠点数などの分布は、ポアソン分布となる。一定単位中の欠点数の平均がｍである母集団から、一定単位をサンプリングし、その中に含まれる欠点数ｘとなる確率 $P(x)$ は、以下の式で求めることができる。

$$P(x) = e^{-m}\frac{m^x}{x!}$$

製品のキズの数などの欠点数についても、ポアソン分布を正規分布に近似させて、検定を行う。一定単位中の欠点数の母平均 m とすると、$m \geq 5$ の場合、平均 $\mu = \mathrm{m}$、標準偏差 $\sigma = \sqrt{\mathrm{m/n}}$ の正規分布に近似できる。このことを利用して、検定を行う。

ｍ≧５が成り立つ場合には、平均μと標準偏差σを算出する。

$$\mu = m \qquad \sigma = \sqrt{\frac{\mathrm{m}}{\mathrm{n}}}$$

5.5.2　割合の検定（２項分布）

製品の不良率や病気の発症率などの２項分布に従うデータの検定の手順を示す。

手順１　仮説の設定　帰無仮説　H_0：Ｐ＝P_0（母不良率は等しい）
　　　　　　　　　　対立仮説　H_1：Ｐ≠P_0

手順２　ｎ個のデータの中から、不良品の個数を調べて、不良率 $\hat{p} = x/n$ を求める。

手順３　正規分布　Ｎ（0,1²）になる u_0 の値を求める。

$$u_0 = \frac{\hat{p} - p_0}{\sqrt{\frac{p_0(1 - p_0)}{\mathrm{n}}}}$$

手順４　判定　危険率（有意水準）5%の場合　$|u_0| \geqq 1.960$ ならば仮説 H_0 を棄却する。
　　　　　　　危険率（有意水準）1%の場合　$|u_0| \geqq 2.576$ ならば仮説 H_0 を棄却する。

例題 5.15　これまでの工程で製造した製品の不良率は、2.0%である。製造工程を見直し、新工程にしたため、100 個のサンプルを検査したところ、8 個の不良品が発生した。新工程で製造したことによる不良率が変化したかを検定する。

手順１　仮説の設定　帰無仮説　H_0：P＝0.02
　　　　　　　　　　対立仮説　H_1：P≠0.02

手順２　$\hat{p}$ ＝8／100＝0.08

手順３　$u_0 = \dfrac{0.08-0.02}{\sqrt{\dfrac{0.02(1-0.02)}{100}}} = 4.286$

手順４　判定　危険率（有意水準）5%の場合
　　$|u_0|$＝4.286＞1.960 であり、仮説H_0を棄却する。
　　危険率（有意水準）α=0.05 で有意である。
　　よって、新工程で製造したことによる不良率が変化したとはいえる。

■■■■■■■■■■■ Excel による演習 ■■■■■■■■■■■

計数値の検定

例題 5.16　例題 5.15 を Excel で処理する。

・以下のように各パラメータを設定する。

	A	B	C	D	E	F	G
1	母比率の検定						
2	母不良率	0.02					
3							
4	標本数n	100					
5	不良個数	8					
6	標本不良率	0.08	←	=B5/B4			
7	Uo値	4.286	←	=(B6-B2)/SQRT((B2*(1-B2)/B4))			
8							
9	危険率α	0.05					
10	棄却境界z	1.96	←	=NORM.S.INV(1-B9/2)			
11	判定	有意である	←	=IF(ABS(B7)>=B10,"有意である","有意でない")			

例題 5. 17　Ａ業者から納入された部品を検査したところ、300 個中 21 個の不良品が見つかった。またＢ業者から納入された部品を検査したところ、450 個中 42 個の不良品が見つかった。納入業者により、部品の不良率が違うのかを検定せよ。

・以下のように各パラメータを設定する。

	A	B	C	D	E	F	G
1	2つの割合の検定						
2		納入数ni	不良数xi	不良率Pi			
3	A業者	300	21	0.070	←	=C3/B3	
4	B業者	450	42	0.093	←	=C4/B4	
5							
6			=(C3+C4)/(B3+B4)		→	不良率P	0.084
7		=(D3-D4)/SQRT(G6*(1-G6)*(1/B3+1/B4))			→	Uo値	-1.129
8							
9						危険率α	0.05
10			=NORM.S.INV(1-G9/2)		→	棄却境界z	1.96
11	=IF(ABS(G7)>=F10,"有意である","有意でない")				→	判定	有意でない

演習 5. 14　ある番組の過去の TV 視聴率の詳細な調査で、視聴率は 18%であった。今回視聴率に変化があったかを検証するために、500 世帯の調査を実施した結果、71 世帯が番組を見ていた。視聴率が変化したかを検定せよ。

5. 5. 3　欠点数などのポアソン分布に従うデータの検定

機械の故障回数や製品のキズの数などのポアソン分布に従うデータの検定の手順を解説する。

手順１　仮説の設定　帰無仮説　$H_0 : m = m_0$（母平均は等しい）

対立仮説　$H_1 : m \neq m_0$

ここでのｍは欠点数である。

手順２　ｎ個のデータの中から、欠点数の平均値 $\bar{c}$ を求める。

手順３　正規分布 Ｎ（0,1）になる u_0 の値を求める。

$$u_0 = \frac{\bar{c} - m_0}{\sqrt{\dfrac{m_0}{n}}}$$

手順４　判定　危険率（有意水準）5%の場合　$|u_0| \geqq 1.960$ ならば仮説 H_0 を棄却する。

危険率（有意水準）1%の場合　$|u_0| \geqq 2.576$ ならば仮説 H_0 を棄却する。

例題 5.18 ある機械は、１ヶ月に平均６回の故障が発生していた。機械の振動が故障の原因と考えられることから、防振材を機械に取り付けた後、５ヶ月間機械Ａを使用した。その結果、１ヶ月平均３回の故障になった。防振材を機械に取り付けることにより故障回数が変わったかを検定する。

手順１　仮説の設定　帰無仮説　H_0：m＝６（母平均は等しい）

対立仮説　H_1：m≠６

手順２　ｎ個のデータの中から、欠点数の平均値 $\bar{c}$ を求める。

ｃ＝３回　ｎ＝５ヶ月間

手順３　正規分布 N（0,1）になる u_0 の値を求める。

$$u_0=\frac{3-6}{\sqrt{\frac{6}{5}}}=-2.739$$

手順４　判定

危険率（有意水準）１％の場合｜u_0＝2.739｜≧2.576 であり、仮説 H_0 を棄却する。

危険率（有意水準）α=0.01 で有意である。

よって、防振材を機械に取り付けることにより故障回数が変わったと言える。

演習 5.15 ある工場では、１年間に平均３６件のケガなどの事故が発生していた。事故が多いため、社員教育の方法を改善した。改善後、３ヶ月間の事故発生率を調査した結果、１ヶ月平均２件の事故が発生した。社員教育の効果があったのか検定せよ。

5.6　独立性の検定

アンケート調査などから得られたデータは、クロス集計表によって複数の要因との関連を検討することができる。例えば、性別（男女）によって味覚に違いがあるのか、東北地方と関東地方では、子育て支援の意識に違いはあるのかなど、2 つの要因の間に関連があるかを見ることに適している。2 つの要因の間に関連がないことは、言い換えると 2 つの要因が独立であるといえる。2 つの要因が独立という状態からどの程度離れているのかを示す指標に、ユールの連関係数Ｑや χ^2（カイ２乗）値などがある。

表　２×２のクロス集計表

	要因１	
要因２	a	b
	c	d

上の表に示す２×２のクロス集計表を例にユールの連関係数Ｑ、χ^2値を説明する。２×２のクロス表の場合には、独立であればａ：ｂ＝ｃ：ｄとなる。

クロス集計表が独立　⇔　ａｄ＝ｂｃ

＊ユールの連関係数Ｑ

Ｑ＝（ａｄ－ｂｃ）／（ａｄ＋ｂｃ）

Ｑ値は独立な場合には０の値となり、独立でない場合には０から遠ざがり、最大１または、最小－１の値となる。

＊χ^2（カイ２乗）値

２つの変数（要因間）が独立の場合には、期待度数（F_{ij}）は次式で定義される。

$$F_{ij} = \frac{n_{i.} \times n_{.j}}{n}$$

仮に調査したクロス集計表が独立の場合には、調査結果の度数 n_{ij} と期待度数とは一致する。しかし、独立でない（関連がある）場合には、調査結果の度数 n_{ij} と期待度数とに差違がある。この差違の大きさをもとにして、クロス集計表全体がどれだけ独立から隔たっているのかを示したものが、次式の χ^2値である。χ^2値は、２つの変数（要因間）が独立の場合には０の値になり、独立から離れれば離れるほど値が大きくなる指標である。

$$\chi^2 = \sum_{i=1}^{k} \sum_{j=1}^{l} \frac{(n_{ij} - F_{ij})^2}{F_{ij}}$$

例題 5.19　表１の「大学生の新聞に関するアンケート調査票」により、大学生に調査した結果をもとに、クロス集計表にまとめたものを表２に示す。
このクロス集計表から、性別の違と新聞を読んでいる者とに関連があるかを見るために、Q 値、χ^2値を算出する。

表１　大学生の新聞に関するアンケート調査票

質問１	あなたの性別を教えて下さい。　１）男性　２）女性
質問２	学年を教えて下さい。 １）１年生　２）２年生　３）３年生　４）４年生
質問３	新聞を定期購読していますか。　１）はい　２）いいえ
質問４	新聞を毎日読みますか。　１）読む　２）読まない
質問５	テレビのニュース番組を見ますか。 １）よく見る　２）時々見る　３）あまり見ない

表２　新聞を毎日読んでいるか（性別）

	読まない	読む	計
女性	6	１０	１６
男性	5	9	１４
計	１１	１９	３０

例題 5.19 表２のクロス集計表から、性別の違と新聞を読んでいる者とに関連があるかを見るために、Q 値とχ^2値を算出する。Q 値は 0.0385、χ^2値は 0.0102 となり、要因１（新聞を読む）と要因２（性差）は関連が低いといえる。

ユールの連関係数　$Q=(ad-bc)/(ad+bc)$
$=(6\times9-10\times5)/(6\times9+10\times5)=0.0385$

期待度数　$F_{11}=(16\times11)/30=5.867$
$F_{12}=(16\times19)/30=10.133$
$F_{21}=(14\times11)/30=5.133$
$F_{22}=(14\times19)/30=8.867$

χ^2値　$\chi^2=(6-5.867)^2/5.867+(10-10.133)^2/10.133+(5-5.133)^2/5.133$
$+(9-8.867)^2/8.867=0.0102$

＊独立性の検定

母集団において変数Xと変数Yとの分布が独立であるならば、自由度$(k-1)\times(l-1)$のχ^2分布に従うことが分かっている。クロス集計表の要因間に関連があるのかを確かめるためには、以下のように独立性の検定を行う。

手順１　仮説の設定　帰無仮説　H_0：$\chi^2 = 0$（独立である）

　　　　　　　　　　対立仮説　H_1：$\chi^2 \neq 0$

手順２　期待度数を求める。

$$\text{期待度数}\quad F_{ij} = \frac{n_{i.} \times n_{.j}}{n}$$

手順３　χ^2値を求める。

$$\chi^2 = \sum_{i=1}^{k}\sum_{j=1}^{l}\frac{(n_{ij} - F_{ij})^2}{F_{ij}}$$

手順４　自由度νを求める（クロス表のｋ行、ｌ列を示す）。

　$\nu = (k-1) \times (l-1)$

手順５　判定　χ^2値＞$\chi^2_{\alpha}(\nu)$のとき、危険率（有意水準）αで帰無仮説H_0が棄却される（独立であるとはいえない）。

例題 5.20　例題 5.19 の表２に示したクロス集計表の性別の違と新聞を読んでいる者とに関連があるか、独立性の検定を行う。

手順１　仮説の設定　帰無仮説　H_0：$\chi^2 = 0$（独立である）

　　　　　　　　　　対立仮説　H_1：$\chi^2 \neq 0$

手順２　期待度数を求める。　$F_{11} = 5.867$、$F_{12} = 10.133$、$F_{21} = 5.133$、$F_{22} = 8.867$

手順３　χ^2値を求める。　$\chi^2 = 0.0102$

手順４　自由度νを求める。

　$k = 2$行、$l = 2$列

　$\nu = (2-1) \times (2-1) = 1$

手順５　判定

　χ^2（$\nu = 1$、危険率（有意水準）α）をχ^2分布表により調べる。

　　危険率（有意水準）1%　$\chi^2_{0.01} = 6.635$　　5%　$\chi^2_{0.05} = 3.841$

　　$\chi^2 = 0.0102 < 3.841$

　よって、性別の違と新聞を読んでいる者とに関連はない。

Excel による演習

独立性の検定

例題 5.21　例題 5.20 を Excel で処理する。

・χ^2値を計算する。

・危険率（有意水準）α に対する棄却境界 χ^2値を計算する。

・２行×２列のクロス集計表では、自由度=（行数－１）×（列数－１）＝１となる。

・判定：χ^2値＞棄却域 χ^2値の場合には、仮説 H_0を棄却する（関連がある）。

	A	B	C	D	E	F
1						
2						
3	データの個数 /	新聞を読む				
4	性別	いいえ	はい	総計		
5	女性	6	10	16		
6	男性	5	9	14		
7	総計	11	19	30		
8						
9						
10		期待度数	F11	5.867	←	=ROUND((D5*B7)/D7,3)
11			F12	10.133	←	=ROUND((D5*C7)/D7,3)
12			F21	5.133	←	=ROUND((D6*B7)/D7,3)
13			F22	8.867	←	=ROUND((D6*C7)/D7,3)
14						
15		χ2値	0.0102	←	=((B5-D10)^2)/D10+((C5-D11)^2/D11+((B6-D12)^2/D12+((C6-D13)^2/D13)))	
16						
17		危険率α	0.05			
18		自由度	1			
19		棄却域χ2値	3.841	←	=CHISQ.INV.RT(C17,C18)	

演習 5.16　日本人と米国人の地下街に対するイメージを調査（安全性）した結果を表に示す。国民と地下街の安全性の意識に関連があるのかを検定せよ。

表　地下街のイメージ調査

	危険	安全
日本人	１８６	６３
米国人	１４５	８８

６章　相関と回帰

さまざまな条件で統計解析を行う場合、単一の変数 x ではなく、２変数(x,y)、あるいは３変数(x,y,z)を観測して、データを得る場合がある。個々の変数を個別に分析するだけでは不十分であり、複数個の変数間の関係を解析することが必要である。

最も簡単な２変数(x,y)の関係を解析する方法として、相関係数の有意性を検定する相関分析と、回帰に関する分散分析を行う回帰分析がある。

例えば、身長と体重のようにどちらがどちらを決めるともいえない場合は、相関関係としてみることがよいが、所得と貯蓄、気温と血圧などのように、単に相関関係があるだけでなく、ある一方が他方を左右するという一方向の関係がある場合は、回帰分析がよい。

6.1　相関分析

6.1.1　相関とは

２変数(x,y)の関係をプロットしたものを散布図という。図 6.1 に示す散布図を書いてみると、２変数の関係をおおよそ把握することができる。

各々の２変数が正規分布する場合に、両者の間に直接的な関係が見られる場合には、両者の間に相関があるという。x の値が増えるに従い y の値が増える傾向にある場合を正の相関があるといい、x の値が増えるに従い y の値が減っていく傾向にある場合を負の相関があるという。図 6.1(a)のように、x の値が増えるに従い y の値が直線的に大きくなる場合、両者には強い正の相関関係があると考えられる。図 6.1(b)のように、x の値が増えても y の値に影響を与えない場合には、両者に相関がないと考えられる。また、図 6.1(c)のように、x の値が増えるに従い y の値が直線的に小さくなる場合、両者には強い負の相関関係があると考えられる。

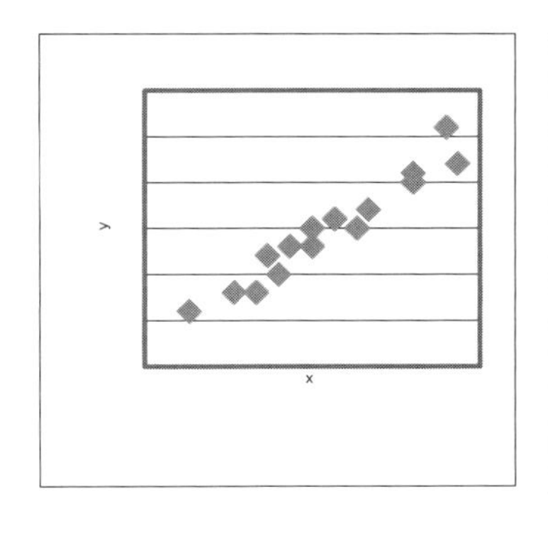

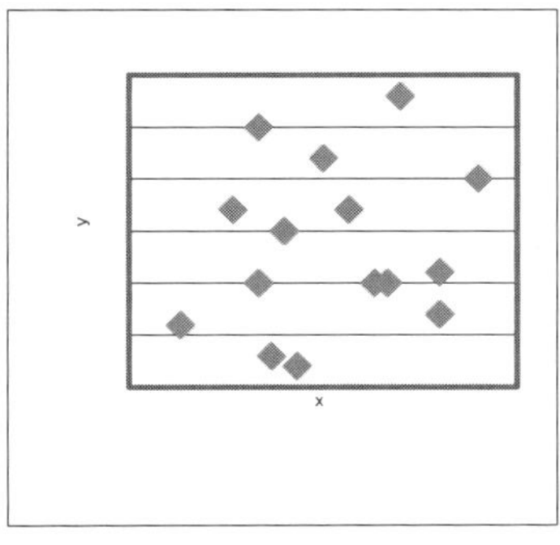

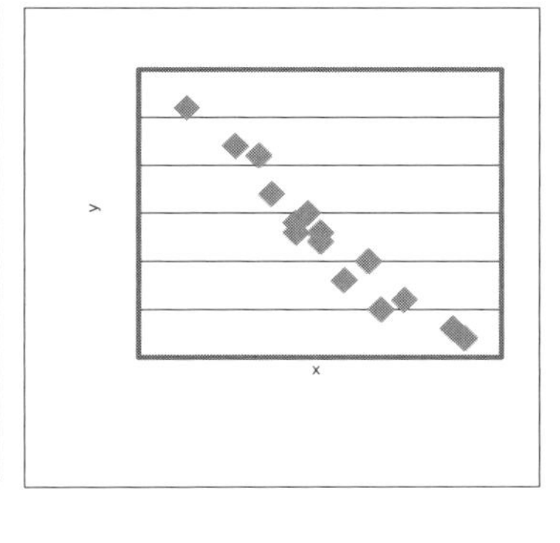

(a)　(b)　(c)

図 6.1　散布図（２変数間の関係）

１変数のデータの特性を表す基本的な統計量として、平均と標準偏差があるが、２変数(x,y)を対象としたデータに関する特性を表す代表的なものには相関係数がある。相関係数は＋１から－１までの数値で示され、＋１に近い値というのは図 6.1(a)のような直線的な関係の場合である。すなわち、x の値が増えるに従い、y の値が直線的に増える傾向にある。相関係数が０というのは図 6.2(b)にあたるもので、一定の傾向を示さずばらついている場合、両者には相関関係がないことを意味する。また、－１に近い値というのは図 6.3(c)のような直線的な関係で、x の値が増えるに従い、y の値が直線的に少なくなる傾向にある。相関係数の意味をまとめると以下のようになる。

相関係数の意味
最も強い負の相関（－１）　←　相関関係なし（０）　→　最も強い正の相関（１）

6.1.2 相関係数の算出

相関係数の算出方法について説明する。対になった x と y に関する組のデータ(x_i,y_i)がある場合には、共分散（S_{xy}）と平方和（S_x, S_y）から次の式より求めることができる。

相関係数 r の求め方

$$r = \frac{S_{xy}}{\sqrt{S_x S_y}}$$

ただし、$S_x = \sum_{i=1}^{n}(x_i - \bar{x})^2 = \sum_{i=1}^{n} x_i^2 - \frac{(\sum_{i=1}^{n} x_i)^2}{n}$

$$S_y = \sum_{i=1}^{n}(y_i - \bar{y})^2 = \sum_{i=1}^{n} y_i^2 - \frac{(\sum_{i=1}^{n} y_i)^2}{n}$$

$$S_{xy} = \sum_{i=1}^{n}(x_i - \bar{x})(y_i - \bar{y}) = \sum_{i=1}^{n} x_i y_i - \frac{(\sum_{i=1}^{n} x_i)(\sum_{i=1}^{n} y_i)}{n}$$

例題 6.1　表に示したデータは、男子の身長(cm)と体重(kg)を測定した結果である。

散布図を書きデータの分布を確認した後、身長と体重との相関係数を求めよ。

表　男性の身長(cm)と体重(kg)

No	身長	体重	No	身長	体重
1	160	48	14	167	55
2	163	53	15	165	53
3	167	49	16	156	56
4	167	54	17	165	56
5	177	66	18	153	45
6	165	55	19	166	55
7	174	60	20	175	57
8	174	61	21	171	57
9	154	52	22	170	59
10	162	47	23	162	53
11	169	50	24	168	61
12	178	62	25	175	53
13	161	57			

身長をｘ軸に体重をＹ軸に取り、散布図を描くと図 6.2 のようになる。この図より、身長が高くなると体重が重くなる正の相関関係があることが分かる。

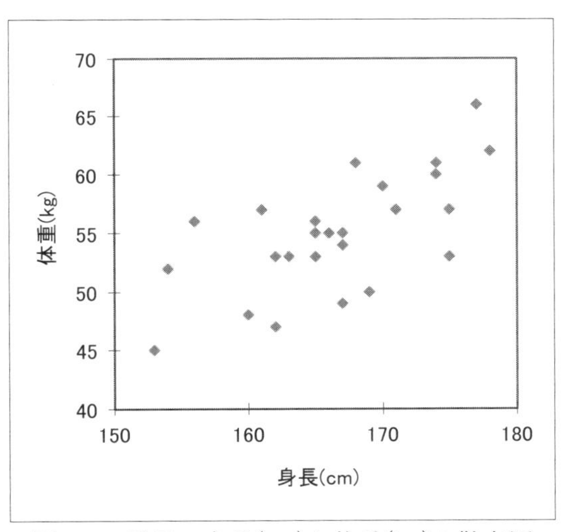

図 6.2　男子の身長(cm)と体重(kg)の散布図

次いで、身長と体重との相関係数を計算する。

平方和を計算すると、

S_x=694678－（4164）^{2}／25＝1122.16

S_y=76112－（1374）^{2}／25＝596.96

S_{xy}＝229398－（4164×1374）／25＝544.56

となる。これより相関係数を求めると、

r ＝ 0.6653

となる。よって、散布図および相関係数により、身長の高い者は、体重が重い傾向が見られ、正の相関があることが分かった。

演習 6.1　表に示したデータは、年間所得と１ヶ月の家賃を集計した結果である。
散布図を書きデータの分布を確認した後、年間所得と１ヶ月の家賃との相関係数を求めよ。

表　年間所得と家賃(万円)

No	年間所得	家賃	No	年間所得	家賃
1	327	7.2	10	632	11.8
2	410	8.1	11	714	13.9
3	342	6.9	12	365	6.1
4	235	4.1	13	681	8.4
5	642	10.5	14	344	5.2
6	740	15.5	15	662	9.7
7	554	9.7	16	469	8.0
8	394	8.3	17	378	6.2
9	274	5.5	18	561	5.7

■■■■■■■■■■■ Excel による演習 ■■■■■■■■■■■

散布図と相関係数

例題 6.2　例題 6.1 のデータを用い、身長と体重の散布図および相関係数を求める。

■散布図の作成

・２つの変数のデータ範囲を項目名も含めて選択する。
・メニューの[挿入]を選択する。グラフリボンの[散布図]をクリックする。
・散布図の種類として「散布図（マーカーのみ)」を選択する。
・[グラフツールーデザイン]で、[グラフのレイアウト]から「レイアウト 1」を選択する。
・表題→「身長と体重の散布図」、横軸→「身長(cm)」、縦軸→「体重(kg)」を入力する。
・散布図のマーカー（点）は１種類なので「凡例」は必要ない。「凡例」をクリックして選択し、[Delete]キーで削除する。
・グラフを適当な大きさになるようにドラッグして調整する。

・完成した散布図のＹ軸（体重）の目盛り範囲が 0 から 70 となっている。これを最小値 40 に設定する。

・グラフの縦軸上で、マウスの右ボタンをクリックし、表示されたメニューから、[軸のオプション]を選択する。
・[最小値]を「自動」から「固定」にクリックして変更し、最小値を 40 と入力する。[閉じる]をクリックする。

■相関係数の計算

[方法 1 ：CORREL 関数]

・CORREL 関数を選択し、[データ範囲 1]に身長のデータ「B2 : B26」を、[データ範囲 2]に体重のデータ「C2 : C26」を設定する。

[方法 2 : 分析ツール]

・[データ－データ分析]から「相関」を選択する。
・入力元を設定する。
　入力範囲　→　2 変数のセル範囲を設定
　データ方向　→　今回は列
　先頭行をラベルとして使用　→　入力範囲を項目名まで設定した場合はチェック
・出力オプションを設定する。

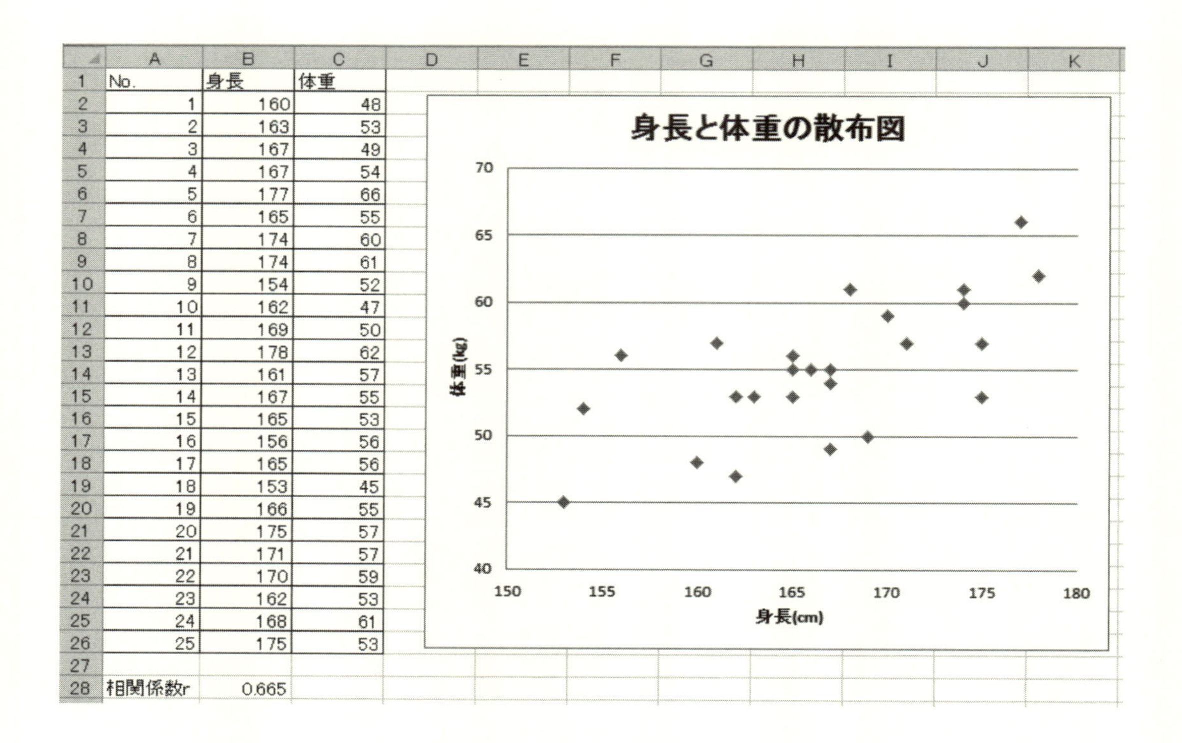

No.	身長	体重
1	160	48
2	163	53
3	167	49
4	167	54
5	177	66
6	165	55
7	174	60
8	174	61
9	154	52
10	162	47
11	169	50
12	178	62
13	161	57
14	167	55
15	165	53
16	156	56
17	165	56
18	153	45
19	166	55
20	175	57
21	171	57
22	170	59
23	162	53
24	168	61
25	175	53
相関係数r	0.665	

演習 6.2 表に示したデータは、ある製品の処理時間（秒）と Fe 混入量(ppm)である。散布図を書きデータの分布を確認した後、処理時間と Fe 混入量の相関係数を求めよ。

表　処理時間と Fe 混入量

No	処理時間	Fe 量	No	処理時間	Fe 量
1	312	6.2	10	622	10.8
2	428	7.1	11	725	12.9
3	337	5.9	12	354	5.1
4	223	3.1	13	676	7.3
5	655	9.5	14	352	4.1
6	757	14.5	15	657	8.8
7	544	8.7	16	473	7.1
8	382	7.3	17	382	5.1
9	269	4.5	18	551	4.6

6.1.3　相関に関する検定

相関係数の計算方法を示したが、データから求めたｒは相関係数であり、それがそのまま母集団の相関係数ρ（ロー）と一致するわけではない。したがって、実際にデータから求められたｒの絶対値がある程度大きくなければ、本当に両特性間に相関関係があるとは言えない。そこで、真の相関（２次元正規分布に従う２特性間の相関係数）の有無を正しく判断するには、相関係数に関する検定が必要となる。相関検定の考え方は、ｒ値の近似式$1.960/\sqrt{\nu+1}$からも分かるように、正規分布を仮定しており、データ数（自由度ν）が大きくなる程、1.960（危険率５％の場合）に近い値を棄却値とするものである。また、相関検定は、ｎ＝12以下のデータで行うことは、検出力の問題等からも望ましくない。

相関に関する検定（無相関の検定）

手順１　仮説検定　H_0：$\rho=0$（両特性間に相関関係がない）

対立仮説　H_1：$\rho\neq 0$

手順２　データから相関係数ｒを計算する。

$$r=\frac{S_{xy}}{\sqrt{S_x S_y}}$$

手順３　判定

ｒ表から限界値ｒ(ν，α)を求める。(ν=n−2、α：危険率)

ｎは測定値の総数ではなく、対となったデータの組数である。ｒ≧ｒ(ν, 0.05)または

ｒ≦－ｒ(ν, 0.05)ならばH_0を棄却する（危険率５％で相関があるといえる）。

例題 6.3　先に示した男子の身長(cm)と体重(kg)を測定の結果をもとに、身長と体重との相関検定を実施する。

手順１　仮説の設定　H_0：$\rho=0$（身長と体重との間に相関関係がない）

手順２　データから相関係数ｒを計算する。　ｒ＝0.6653

手順３　ｒ表から限界値ｒ(ν, 0.05)を求める。

ν＝ｎ－2＝23は数表にはないが、数表にない場合には近似式を使う。

σ＝0.05の場合には、

$$r(\nu, 0.05)=1.960/\sqrt{\nu+1}=1.960/\sqrt{24}=0.3920$$

手順４　ｒ＝0.6653＞ｒ(ν, 0.05)より、身長と体重の間には、危険率5％で正の相関があるといえる。

演習 6.3　演習6.1で示した年間所得と１ヶ月の家賃を集計した結果について、相関検定を実施せよ。

6.2　回帰直線の推定

6.2.1　最小二乗法

散布図を書くことによって、２つの特性間の相互関係を把握することができる。また、両特性が正規分布をしており、直接的関係がある場合には、その関係の強さを相関係数の形で数値的に捉えることができる。相関検定では、特性だけでなく要因の値も正規分布をしていることが前提であったが、回帰式の当てはめについては、原因と考えられる特性が正規分布している必要はない。身長と体重はどちらがどちらを決めるともいえない場合は、相関関係としてみることもできるが、所得と貯蓄、気温と血圧などの場合には、単に相関関係があるだけでなく、ある一方が他方を左右するという一方向の関係がある場合は、回帰関係をみることが必要である。回帰式について、簡単に解説する。

変数ｘに対して測定値ｙの母平均が、

$$y = \alpha + \beta x$$

という直線関係がある場合、α、βは一定の値で、βは回帰係数と呼ばれ、ｘが１だけ増加したときのｙの増加量である。この直線をｘに対するｙの回帰直線という。

測定データに対して、最もあてはめのよい回帰直線を求めるためには、次のように考える。２変数（x_i, y_i）の対になっている測定データに直線をあてはめると、x_iに対しては（$\alpha + \beta x_i$）がｙの推定値となる。これと測定値y_iとの差があてはめの誤差ε_iである（図 6.3 参照）。この誤差ε_iを２乗したものをすべてのデータについて合計して、

$$\varepsilon_i = y_i - (\alpha + \beta x_i) \qquad S_e = \sum_{i-1}^{n} \varepsilon_i^2$$

を最小とするようにαとβを決めれば、ｘからｙを推定するのに最も誤差が小さい回帰直線が得られることになる。この方法を最小二乗法という。

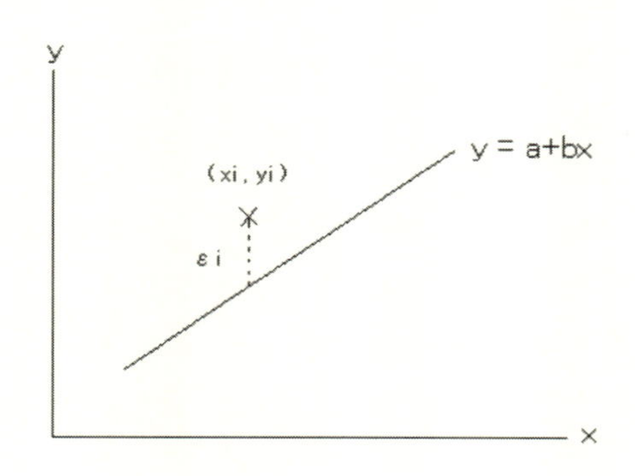

図 6.3　最小二乗法の意味

ｘとｙの間には、式で示した直線関係があるとしても、測定データの値は直線上にのらずにばらついた値となる。測定データy_iは次式で表すことができる。

$$y_i \quad = (\alpha + \beta x_i) \quad + \varepsilon_i$$

（測定値）＝（回帰による影響）＋誤差

α、βは未知のため、測定データからの推定値 a 、b とする。y_iと回帰直線$a+bx_i$との差、すなわち、y_i-a-bx_iの二乗和を最小にするようにaとbを決める。残差平方和を

$$S_e=\sum_{i-1}^{n}(y_i-a-bx_i)^2$$

とすると、S_eを最小にするaとbは、この式を偏微分して0にした式から求められる。

$$\frac{\partial S_e}{\partial a}=-2\sum_{i=1}^{n}(y_i-a-bx_i)=0 \qquad \frac{\partial S_e}{\partial b}=-2\sum_{i=1}^{n}\{(y_i-a-bx_i)x_i\}=0$$

上記の偏微分を解くと、次に示す正規方程式が得られる。

$$an+b\sum_{i=1}^{n}x_i=\sum_{i=1}^{n}y_i \qquad a\sum_{i=1}^{n}x_i+b\sum_{i=1}^{n}x_i^2=\sum_{i=1}^{n}x_iy_i$$

この正規方程式を解くと、aとbを求めることができる。

$$a=\bar{y}-b\bar{x}$$

$$b=\frac{S_{xy}}{S_x}$$

回帰式　y＝a＋bx

6.2.2　回帰直線の推定

回帰直線y＝a＋bxのあてはめの手順について、解説する。

手順1　データより、平均値　$\bar{x}$、$\bar{y}$を求める。

手順2　データより、平方和　S_x、S_{xy}を求める。

手順3　下記の式により、S_{xy}，S_xより回帰係数bを求める。　$b=S_{xy}/S_x$

手順4　aを求める。　$a=\bar{y}-b\bar{x}$

例題 6.4　表に示したデータは、最高気温（度）と清涼飲料水の売上高（千円）である。このデータをもとに回帰直線を求める。

表　最高気温（度）と飲料水の売上高（千円）

No.	気温	売上高	No.	気温	売上高
1	30.2	198	11	33.0	244
2	32.4	209	12	28.6	182
3	29.4	225	13	32.8	222
4	27.6	185	14	26.8	153
5	33.2	259	15	25.3	106
6	30.9	219	16	29.3	199
7	27.7	163	17	24.3	102
8	25.3	128	18	30.5	186
9	31.8	207	19	26.4	169
10	26.1	151	20	29.8	176

手順１　平均値$\bar{x}$、$\bar{y}$を求める。

$\bar{x}$ ＝29.07　　$\bar{y}$＝184.15

手順２　平方和S_{xy}，Ｓｘより回帰係数ｂを求める。

S_{xy}＝2060.19　　S_x＝148.86

手順３　回帰係数を算出する。

ｂ＝S_{xy}／S_x

＝2060.19／148.86＝13.84

手順４　ａを求める。

ａ＝$\bar{y}$－ｂ$\bar{x}$

＝184.15－13.84×29.07＝－218.17

これより、回帰直線として

ｙ＝13.84ｘ－218.17

が得られる。

演習 6.4　一日のインターネットの使用時間と睡眠時間を調べた結果である。インターネットの使用時間と睡眠時間の回帰式を求めよ。

表　使用時間（分）と睡眠時間（時間）

No	使用時間	睡眠	No	使用時間	睡眠
1	185	6.5	11	75	7.2
2	200	5.5	12	40	10.0
3	90	7.0	13	175	4.5
4	85	7.5	14	195	4.5
5	130	6.3	15	80	8.0
6	140	6.8	16	110	6.8
7	60	8.5	17	70	9.5
8	135	8.0	18	105	7.1
9	125	6.0	19	178	6.4
10	55	9.0	20	50	9.5

Excel による演習

回帰直線

例題 6.5　例題 6.4 のデータを用い、回帰直線を求める。

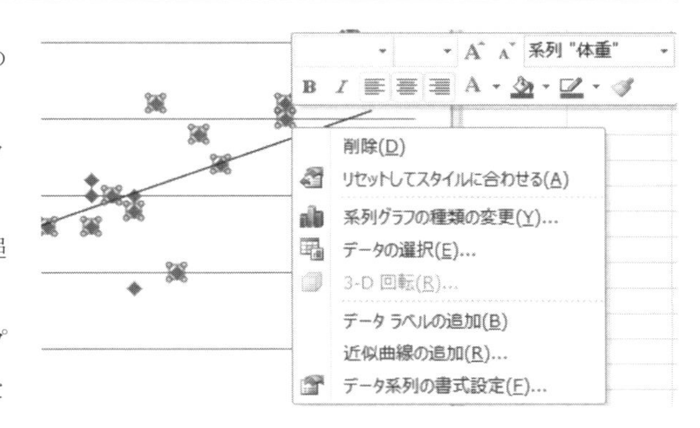

- 相関で演習したように、気温と売上高の散布図を描く。
- 散布図上のデータプロットを右クリックする。
- 表示されたメニューから「近似曲線の追加」を選択する。
- 表示されたメニューの「近似曲線のオプション」で、[近似または回帰の種類] として「線形近似(L)」を選択する。
- 「グラフに数式を表示する(E)」と「グラフに R-2 乗値を表示する(R)」にチェックする。
- [閉じる] をクリックし、表示された数式と R-2 乗値をグラフ上の適当な位置に移動する。

＊数式の x に気温を代入すると、y として売上高が求められる。

＊R-2 乗値とは、相関係数 r の 2 乗値で、数式の x で y を説明している割合を表している。

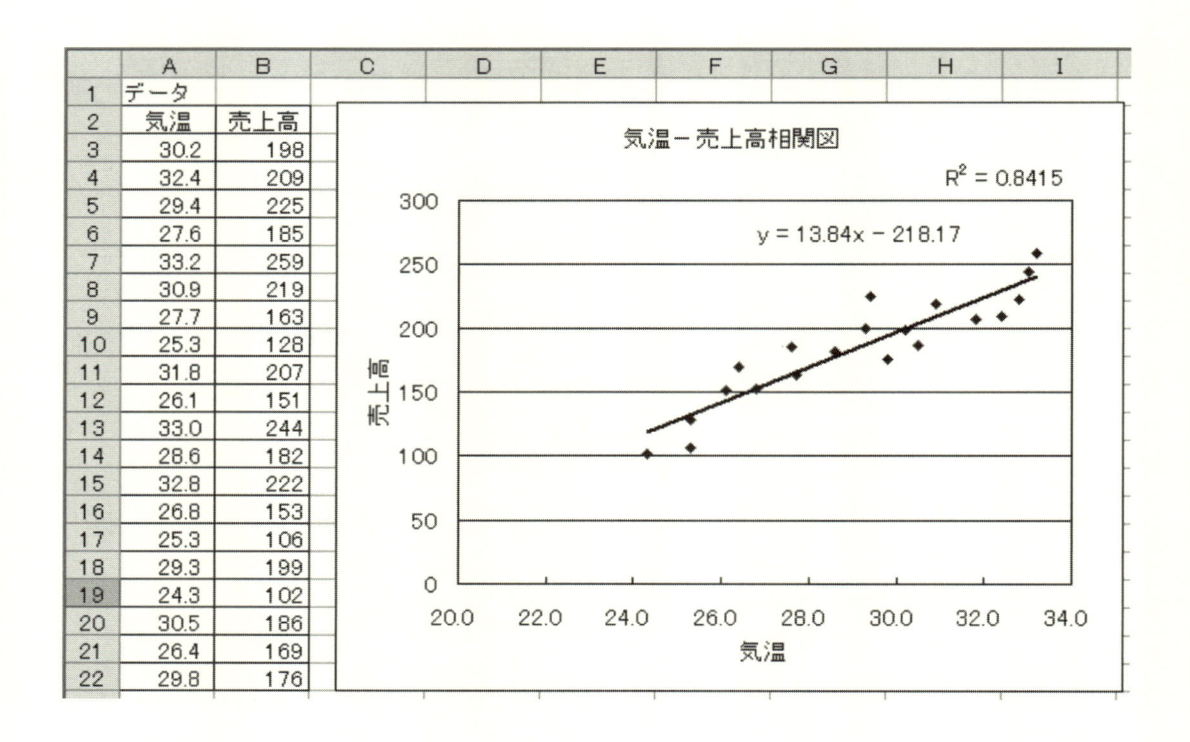

	A	B
1	データ	
2	気温	売上高
3	30.2	198
4	32.4	209
5	29.4	225
6	27.6	185
7	33.2	259
8	30.9	219
9	27.7	163
10	25.3	128
11	31.8	207
12	26.1	151
13	33.0	244
14	28.6	182
15	32.8	222
16	26.8	153
17	25.3	106
18	29.3	199
19	24.3	102
20	30.5	186
21	26.4	169
22	29.8	176

演習 6.5　自動車教習所における免許取得までの教習時間（時限）と年齢（才）を調べた結果である。教習時間と年齢の回帰式を求めよ。

表　教習時間（時限）と年齢（才）

No	年齢	教習時間	No	年齢	教習時間
1	22	36	11	32	35
2	18	34	12	19	30
3	34	38	13	41	44
4	20	32	14	55	45
5	42	41	15	23	31
6	19	31	16	19	30
7	21	35	17	23	34
8	18	37	18	33	39
9	27	40	19	22	32
10	38	45	20	19	30

付録１　標準正規分布表

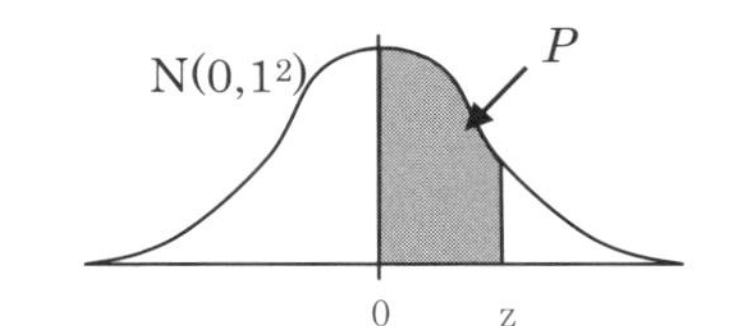

標準正規分布の０からｚまでの確率 P を求める表である。
ｚ値の行は小数第１位までを、列は小数第２位を表す。
ｚの負値に対する面積は対称性を利用して求める。

Z	.00	.01	.02	.03	.04	.05	.06	.07	.08	.09
0.0	.0000	.0040	.0080	.0120	.0160	.0199	.0239	.0279	.0319	.0359
0.1	.0398	.0438	.0478	.0517	.0557	.0596	.0636	.0675	.0714	.0753
0.2	.0793	.0832	.0871	.0910	.0948	.0987	.1026	.1064	.1103	.1141
0.3	.1179	.1217	.1255	.1293	.1331	.1368	.1406	.1443	.1480	.1517
0.4	.1554	.1591	.1628	.1664	.1700	.1736	.1772	.1808	.1844	.1879
0.5	.1915	.1950	.1985	.2019	.2054	.2088	.2123	.2157	.2190	.2224
0.6	.2257	.2291	.2324	.2357	.2389	.2422	.2454	.2486	.2517	.2549
0.7	.2580	.2611	.2642	.2673	.2703	.2734	.2764	.2794	.2823	.2852
0.8	.2881	.2910	.2939	.2967	.2995	.3023	.3051	.3078	.3106	.3133
0.9	.3159	.3186	.3212	.3238	.3264	.3289	.3315	.3340	.3365	.3389
1.0	.3413	.3438	.3461	.3485	.3508	.3531	.3554	.3577	.3599	.3621
1.1	.3643	.3665	.3686	.3708	.3729	.3749	.3770	.3790	.3810	.3830
1.2	.3849	.3869	.3888	.3907	.3925	.3944	.3962	.3980	.3997	.4015
1.3	.4032	.4049	.4066	.4082	.4099	.4115	.4131	.4147	.4162	.4177
1.4	.4192	.4207	.4222	.4236	.4251	.4265	.4279	.4292	.4306	.4319
1.5	.4332	.4345	.4357	.4370	.4382	.4394	.4406	.4418	.4429	.4441
1.6	.4452	.4463	.4474	.4484	.4495	.4505	.4515	.4525	.4535	.4545
1.7	.4554	.4564	.4573	.4582	.4591	.4599	.4608	.4616	.4625	.4633
1.8	.4641	.4649	.4656	.4664	.4671	.4678	.4686	.4693	.4699	.4706
1.9	.4713	.4719	.4726	.4732	.4738	.4744	.4750	.4756	.4761	.4767
2.0	.4772	.4778	.4783	.4788	.4793	.4798	.4803	.4808	.4812	.4817
2.1	.4821	.4826	.4830	.4834	.4838	.4842	.4846	.4850	.4854	.4857
2.2	.4861	.4864	.4868	.4871	.4875	.4878	.4881	.4884	.4887	.4890
2.3	.4893	.4896	.4898	.4901	.4904	.4906	.4909	.4911	.4913	.4916
2.4	.4918	.4920	.4922	.4925	.4927	.4929	.4931	.4932	.4934	.4936
2.5	.4938	.4940	.4941	.4943	.4945	.4946	.4948	.4949	.4951	.4952
2.6	.4953	.4955	.4956	.4957	.4959	.4960	.4961	.4962	.4963	.4964
2.7	.4965	.4966	.4967	.4968	.4969	.4970	.4971	.4972	.4973	.4974
2.8	.4974	.4975	.4976	.4977	.4977	.4978	.4979	.4979	.4980	.4981
2.9	.4981	.4982	.4982	.4983	.4984	.4984	.4985	.4985	.4986	.4986
3.0	.4987	.4987	.4987	.4988	.4988	.4989	.4989	.4989	.4990	.4990

付録２　t 分布表

自由度 ν と t 分布上の確率 P に対する t 値である $t_\nu(P)$ を与える。
t 値の負に対する確率は対称性を利用して求める。

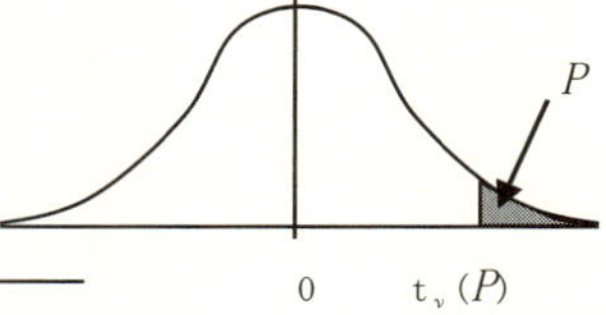

ν \ P	.10	.05	.025	.01	.005
1	3.078	6.314	12.706	31.821	63.657
2	1.886	2.920	4.303	6.965	9.925
3	1.638	2.353	3.182	4.541	5.841
4	1.533	2.132	2.776	3.747	4.604
5	1.476	2.015	2.571	3.365	4.032
6	1.440	1.943	2.447	3.143	3.707
7	1.415	1.895	2.365	2.998	3.499
8	1.397	1.860	2.306	2.896	3.355
9	1.383	1.833	2.262	2.821	3.250
10	1.372	1.812	2.228	2.764	3.169
11	1.363	1.796	2.201	2.718	3.106
12	1.356	1.782	2.179	2.681	3.055
13	1.350	1.771	2.160	2.650	3.012
14	1.345	1.761	2.145	2.624	2.977
15	1.341	1.753	2.131	2.602	2.947
16	1.337	1.746	2.120	2.583	2.921
17	1.333	1.740	2.110	2.567	2.898
18	1.330	1.734	2.101	2.552	2.878
19	1.328	1.729	2.093	2.539	2.861
20	1.325	1.725	2.086	2.528	2.845
21	1.323	1.721	2.080	2.518	2.831
22	1.321	1.717	2.074	2.508	2.819
23	1.319	1.714	2.069	2.500	2.807
24	1.318	1.711	2.064	2.492	2.797
25	1.316	1.708	2.060	2.485	2.787
26	1.315	1.706	2.056	2.479	2.779
27	1.314	1.703	2.052	2.473	2.771
28	1.313	1.701	2.048	2.467	2.763
29	1.311	1.699	2.045	2.462	2.756
30	1.310	1.697	2.042	2.457	2.750
40	1.303	1.684	2.021	2.423	2.704
60	1.296	1.671	2.000	2.390	2.660
120	1.289	1.658	1.980	2.358	2.617
∞	1.282	1.645	1.960	2.326	2.576

付録３　χ^2分布表

自由度 ν とχ^2分布の確率 Pに対するχ^2値である $x_\nu^2(P)$を与える。

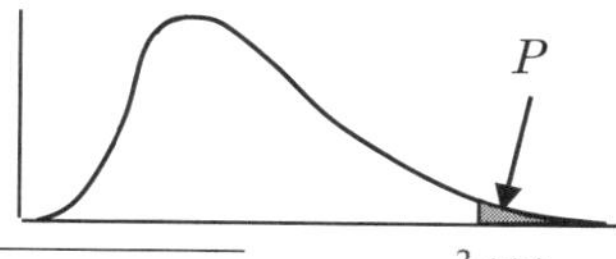

ν \ P	0.975	0.025	0.050	0.010
1	0.0^3982	5.02	3.84	6.63
2	0.0506	7.38	5.99	9.21
3	0.216	9.35	7.81	11.34
4	0.484	11.14	9.49	13.28
5	0.831	12.83	11.07	15.09
6	1.237	14.45	12.59	16.81
7	1.690	16.01	14.07	18.48
8	2.18	17.53	15.51	20.1
9	2.70	19.02	16.92	21.7
10	3.25	20.5	18.31	23.2
11	3.82	21.9	19.68	24.7
12	4.40	23.3	21.0	26.2
13	5.01	24.7	22.4	27.7
14	5.63	26.1	23.7	29.1
15	6.23	27.5	25.0	30.6
16	6.91	28.8	26.3	32.0
17	7.56	30.2	27.6	33.4
18	8.23	31.5	28.9	34.8
19	8.91	32.9	30.1	36.2
20	9.59	34.2	31.4	37.6
21	10.28	35.5	32.7	38.9
22	10.98	36.8	33.9	40.3
23	11.69	38.1	35.2	41.6
24	12.40	39.4	36.4	43.0
25	13.12	40.6	37.7	44.3
26	13.84	41.9	38.9	45.6
27	14.57	43.2	40.1	47.0
28	15.31	44.5	41.3	48.3
29	16.05	45.7	42.6	49.6
30	16.79	47.0	43.8	50.9
40	24.4	59.3	55.8	63.7
50	32.4	71.4	67.5	76.2
60	40.5	83.3	79.1	88.4
70	48.8	95.0	90.5	100.4
80	57.2	106.6	101.9	112.3
90	65.6	118.1	113.1	124.1
100	74.2	129.6	124.3	135.8
y_a	−1.96	1.960	1.645	2.33

$\nu>30$ の場合には、次の Fisher の近似式で求める。

$$\chi^2(\nu,\alpha)=\frac{1}{2}\left(y_a+\sqrt{2\cdot\nu-1}\right)^2$$

付録４　Ｆ分布表（P =0. 005）

自由度 ν_1（分子）、ν_2（分母）とＦ分布の確率 P=0. 005
に対するＦ値である $F_{\nu 2}^{\nu 1}(P)$ を与える。

P

$F_{\nu 2}^{\nu 1}(P)$

	1	2	3	4	5	6	7	8	9	10	12	15	20	30	40	60	∞ （ν_1）
1	162*	200*	216*	225*	231*	234*	237*	239*	214*	242*	244*	246*	248*	250*	251*	252*	255*
2	198.	199.	199.	199.	199.	199.	199.	199.	199.	199.	199.	199.	199.	199.	199.	199.	200.
3	55.6	49.8	47.5	46.2	45.4	44.8	44.4	44.1	43.9	43.7	43.4	43.1	42.8	42.5	42.3	42.1	41.8
4	31.3	26.3	24.3	23.2	22.5	22.0	21.6	21.4	21.1	21.0	20.7	20.4	20.2	19.9	19.8	19.6	19.3
5	22.8	18.3	16.5	15.6	14.9	14.5	14.2	14.0	13.8	13.6	13.4	13.1	12.9	12.7	12.5	12.4	12.1
6	18.6	14.5	12.9	12.0	11.5	11.1	10.8	10.6	10.4	10.2	10.0	9.81	9.56	9.36	9.24	9.12	8.88
7	16.2	12.4	10.9	10.0	9.52	9.16	8.89	8.68	8.51	8.38	8.18	7.97	7.75	7.53	7.42	7.31	7.08
8	14.7	11.0	9.60	8.81	8.30	7.95	7.69	7.50	7.34	7.21	7.01	6.81	6.61	6.40	6.29	6.18	5.95
9	13.6	10.1	8.72	7.96	7.47	7.13	6.88	6.69	6.54	6.42	6.23	6.03	5.83	5.62	5.52	5.41	5.19
10	12.8	9.43	8.08	7.34	6.87	6.54	6.30	6.12	5.97	5.85	5.66	5.47	5.27	5.07	4.97	4.86	4.64
11	12.2	8.91	7.60	6.88	6.42	6.10	5.86	5.68	5.54	5.42	5.24	5.05	4.86	4.65	4.55	4.44	4.23
12	11.8	8.51	7.23	6.52	6.07	5.76	5.52	5.35	5.20	5.09	4.91	4.72	4.53	4.33	4.23	4.12	3.90
13	11.4	8.19	6.93	6.23	5.79	5.48	5.25	5.08	4.94	4.82	4.64	4.46	4.27	4.07	3.97	3.87	3.65
14	11.1	7.92	6.68	6.00	5.56	5.26	5.03	4.86	4.72	4.60	4.43	4.25	4.06	3.86	3.76	3.66	3.44
15	10.8	7.70	6.48	5.80	5.37	5.07	4.85	4.67	4.54	4.42	4.25	4.07	3.88	3.69	3.58	3.48	3.26
16	10.6	7.51	6.30	5.64	5.21	4.91	4.69	4.52	4.38	4.27	4.10	3.92	3.73	3.54	3.44	3.33	3.11
17	10.4	7.35	6.16	5.50	5.07	4.78	4.56	4.39	4.25	4.14	3.97	3.79	3.61	3.41	3.31	3.21	2.98
18	10.2	7.21	6.03	5.37	4.96	4.66	4.44	4.28	4.14	4.03	3.86	3.68	3.50	3.30	3.20	3.10	2.87
19	10.1	7.09	5.92	5.27	4.85	4.56	4.34	4.18	4.04	3.93	3.76	3.59	3.40	3.21	3.11	3.00	2.78
20	9.94	6.99	5.82	5.17	4.76	4.47	4.26	4.09	3.96	3.85	3.68	3.50	3.32	3.12	3.02	2.92	2.69
30	9.18	6.35	5.24	4.62	4.23	3.95	3.74	3.58	3.45	3.34	3.18	3.01	2.82	2.63	2.52	2.42	2.18
40	8.83	6.07	4.98	4.37	3.99	3.71	3.51	3.35	3.22	3.12	2.95	2.78	2.60	2.40	2.30	2.18	1.93
60	8.49	5.80	4.73	4.14	3.76	3.49	3.29	3.13	3.01	2.90	2.74	2.57	2.39	2.19	2.08	1.96	1.69
∞	7.88	5.30	4.28	3.72	3.35	3.09	2.90	2.74	2.62	2.52	2.36	2.19	2.00	1.79	1.67	1.53	1.00
（ν_2）																	

注　*は×10^2を示す。

付録５　Ｆ分布表（P =0. 01）

自由度 ν_1（分子）、ν_2（分母）とＦ分布の確率 P=0. 01 に対するＦ値である $F_{\nu 2}^{\nu 1}(P)$ を与える。

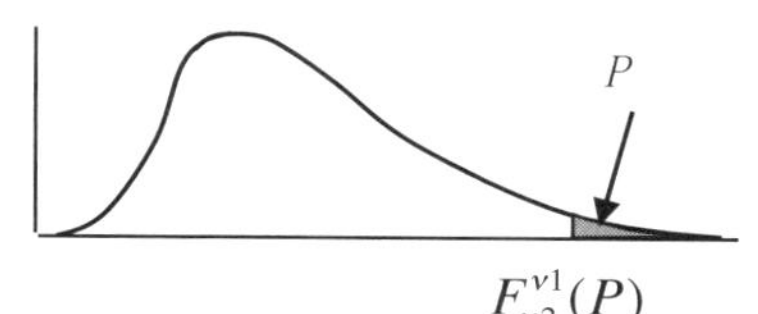

	1	2	3	4	5	6	7	8	9	10	12	15	20	30	40	60	∞ （ν_1）
1	4052.	5000.	5403.	5625.	5764.	5859.	5928.	5982.	6022.	6056.	6106.	6157.	6209.	6261.	6287.	6313.	6366.
2	98.5	99.0	99.2	99.2	99.3	99.3	99.4	99.4	99.4	99.4	99.4	99.4	99.4	99.5	99.5	99.5	99.5
3	34.1	30.8	29.5	28.7	28.2	27.9	27.7	27.5	27.3	27.2	27.1	26.9	26.7	26.5	26.4	26.3	26.1
4	21.2	18.0	16.7	16.0	15.5	15.2	15.0	14.8	14.7	14.5	14.4	14.2	14.0	13.8	13.7	13.7	13.5
5	16.3	13.3	12.1	11.4	11.0	10.7	10.5	10.3	10.2	10.1	9.89	9.72	9.55	9.38	9.29	9.20	9.02
6	13.7	10.9	9.78	9.15	8.75	8.47	8.26	8.10	7.98	7.87	7.72	7.56	7.40	7.23	7.14	7.06	6.88
7	12.2	9.55	8.45	7.85	7.46	7.19	6.99	6.84	6.72	6.62	6.47	6.31	6.16	5.99	5.91	5.82	5.65
8	11.3	8.65	7.59	7.01	6.63	6.37	6.18	6.03	5.91	5.81	5.67	5.52	5.36	5.20	5.12	5.03	4.86
9	10.6	8.02	6.99	6.42	6.06	5.80	5.61	5.47	5.35	5.26	5.11	4.96	4.81	4.65	4.57	4.48	4.31
10	10.0	7.56	6.55	5.99	5.64	5.39	5.20	5.06	4.94	4.85	4.71	4.56	4.41	4.25	4.17	4.08	3.91
11	9.65	7.21	6.22	5.67	5.32	5.07	4.89	4.74	4.63	4.54	4.40	4.25	4.10	3.94	3.86	3.78	3.60
12	9.33	6.93	5.95	5.41	5.06	4.82	4.64	4.50	4.39	4.30	4.16	4.01	3.86	3.70	3.62	3.54	3.36
13	9.07	6.70	5.74	5.21	4.86	4.62	4.44	4.30	4.19	4.10	3.96	3.82	3.66	3.51	3.43	3.34	3.17
14	8.86	6.51	5.56	5.04	4.70	4.46	4.28	4.14	4.03	3.94	3.80	3.66	3.51	3.35	3.27	3.18	3.00
15	8.68	6.36	5.42	4.89	4.56	4.32	4.14	4.00	3.89	3.80	3.67	3.52	3.37	3.21	3.13	3.05	2.87
16	8.53	6.23	5.29	4.77	4.44	4.20	4.03	3.89	3.78	3.69	3.55	3.41	3.26	3.10	3.02	2.93	2.75
17	8.40	6.11	5.18	4.67	4.34	4.10	3.93	3.79	3.68	3.59	3.46	3.31	3.16	3.00	2.92	2.83	2.65
18	8.29	6.01	5.09	4.58	4.25	4.01	3.84	3.71	3.60	3.51	3.37	3.23	3.08	2.92	2.84	2.75	2.57
19	8.18	5.93	5.01	4.50	4.17	3.94	3.77	3.63	3.52	3.43	3.30	3.15	3.00	2.84	2.76	2.67	2.49
20	8.10	5.85	4.94	4.43	4.10	3.87	3.70	3.56	3.46	3.37	3.23	3.09	2.94	2.78	2.69	2.61	2.42
30	7.56	5.39	4.51	4.02	3.70	3.47	3.30	3.17	3.07	2.98	2.84	2.70	2.55	2.39	2.30	2.21	2.01
40	7.31	5.18	4.31	3.83	3.51	3.29	3.12	2.99	2.89	2.80	2.66	2.52	2.37	2.20	2.11	2.02	1.80
60	7.08	4.98	4.13	3.65	3.34	3.12	2.95	2.82	2.72	2.63	2.50	2.35	2.20	2.03	1.94	1.84	1.60
∞	6.63	4.61	3.78	3.32	3.02	2.80	2.64	2.51	2.41	2.32	2.18	2.04	1.88	1.70	1.59	1.47	1.00
（ν_2）																	

付録６　Ｆ分布表（P ＝0.025）

自由度 ν_1（分子）、ν_2（分母）とＦ分布の確率 P＝0.025 に対するＦ値である $F_{\nu 2}^{\nu 1}(P)$ を与える。

P

$F_{\nu 2}^{\nu 1}(P)$

	1	2	3	4	5	6	7	8	9	10	12	15	20	30	40	60	∞ （ν_1）
1	648.	800.	864.	900.	922.	937.	948.	957.	963.	969.	977.	985.	993.	1001.	1006.	1010.	1018.
2	38.5	39.0	39.2	39.2	39.3	39.3	39.4	39.4	39.4	39.4	39.4	39.4	39.4	39.5	39.5	39.5	39.5
3	17.4	16.0	15.4	15.1	14.9	14.7	14.6	14.5	14.5	14.4	14.3	14.3	14.2	14.1	14.0	14.0	13.9
4	12.2	10.6	9.98	9.60	9.36	9.20	9.07	8.98	8.90	8.84	8.75	8.66	8.56	8.46	8.41	8.36	8.26
5	10.0	8.43	7.76	7.39	7.15	6.98	6.85	6.76	6.68	6.62	6.52	6.43	6.33	6.23	6.18	6.12	6.02
6	8.81	7.26	6.60	6.23	5.99	5.82	5.70	5.60	5.52	5.46	5.37	5.27	5.17	5.07	5.01	5.96	4.85
7	8.07	6.54	5.89	5.52	5.29	5.12	4.99	4.90	4.82	4.76	4.67	4.57	4.47	4.36	4.31	4.25	4.14
8	7.57	6.06	5.42	5.05	4.82	4.65	4.53	4.43	4.36	4.30	4.20	4.10	4.00	3.89	3.84	3.78	3.67
9	7.21	5.71	5.08	4.72	4.48	4.32	4.20	4.10	4.03	3.96	3.87	3.77	3.67	3.56	3.51	3.45	3.33
10	6.94	5.46	4.83	4.47	4.24	4.07	3.95	3.85	3.78	3.72	3.62	3.52	3.42	3.31	3.26	3.20	3.08
11	6.72	5.26	4.63	4.28	4.04	3.88	3.76	3.66	3.59	3.53	3.43	3.33	3.23	3.12	3.06	3.00	2.88
12	6.55	5.10	4.47	4.12	3.89	3.73	3.61	3.51	3.44	3.37	3.28	3.18	3.07	2.96	2.91	2.85	2.72
13	6.41	4.97	4.35	4.00	3.77	3.60	3.48	3.39	3.31	3.25	3.15	3.05	2.95	2.84	2.78	2.72	2.60
14	6.30	4.86	4.24	3.89	3.66	3.50	3.38	3.29	3.21	3.15	3.05	2.95	2.84	2.73	2.67	2.61	2.49
15	6.20	4.77	4.15	3.80	3.58	3.41	3.29	3.20	3.12	3.06	2.96	2.86	2.76	2.64	2.59	2.52	2.40
16	6.12	4.69	4.08	3.73	3.50	3.34	3.22	3.12	3.05	2.99	2.89	2.79	2.68	2.57	2.51	2.45	2.32
17	6.04	4.62	4.01	3.67	3.44	3.28	3.16	3.06	2.98	2.92	2.82	2.72	2.62	2.50	2.44	2.38	2.25
18	5.98	4.56	3.95	3.61	3.38	3.22	3.10	3.01	2.93	2.87	2.77	2.67	2.56	2.44	2.38	2.32	2.19
19	5.92	4.51	3.90	3.56	3.33	3.17	3.05	2.96	2.88	2.82	2.72	2.62	2.51	2.39	2.33	2.27	2.13
20	5.87	4.46	3.86	3.51	3.29	3.13	3.01	2.91	2.84	2.77	2.68	2.57	2.46	2.35	2.29	2.22	2.09
30	5.57	4.18	3.59	3.25	3.03	2.87	2.75	2.65	2.57	2.51	2.41	2.31	2.20	2.07	2.01	1.94	1.79
40	5.42	4.05	3.46	3.13	2.90	2.74	2.62	2.53	2.45	2.39	2.29	2.18	2.07	1.94	1.88	1.80	1.64
60	5.29	3.93	3.34	3.01	2.79	2.63	2.51	2.41	2.33	2.27	2.17	2.06	1.94	1.82	1.74	1.67	1.48
∞	5.02	3.69	3.12	2.79	2.57	2.41	2.29	2.19	2.11	2.05	1.94	1.83	1.71	1.57	1.48	1.39	1.00
（ν_2）																	

付録7　F分布表（P =0.05）

自由度 ν_1（分子）、ν_2（分母）とF分布の確率 P＝0.05 に対するF値である $F_{\nu2}^{\nu1}(P)$ を与える。

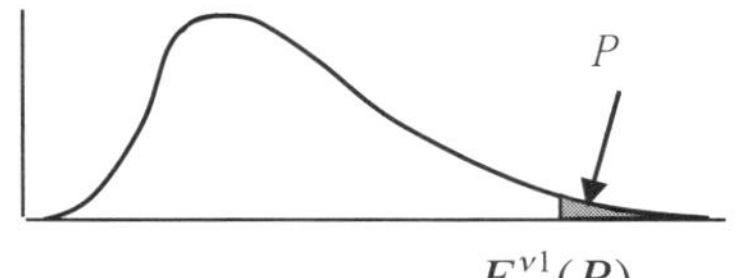

	1	2	3	4	5	6	7	8	9	10	12	15	20	30	40	60	∞ （ν_1）
1	161.	200.	216.	225.	230.	234.	237.	239.	241.	242.	244.	246.	248.	250.	251.	252.	254.
2	18.5	19.0	19.2	19.2	19.3	19.3	19.4	19.4	19.4	19.4	19.4	19.4	19.4	19.5	19.5	19.5	19.5
3	10.1	9.55	9.28	9.12	9.01	8.94	8.86	8.85	8.81	9.79	8.74	8.73	8.66	8.62	8.59	8.57	8.53
4	7.71	6.94	6.59	6.39	6.26	6.16	6.09	6.04	6.00	5.96	5.91	5.89	5.80	5.75	5.72	5.69	5.63
5	6.61	5.79	5.41	5.19	5.05	4.95	4.88	4.82	4.77	4.74	4.68	4.66	4.56	4.50	4.46	4.43	4.36
6	5.99	5.14	4.76	4.53	4.39	4.28	4.21	4.15	4.10	4.06	4.00	3.98	3.87	3.81	3.77	3.74	3.67
7	5.59	4.74	4.35	4.12	3.97	3.87	3.79	3.73	3.68	3.64	3.57	3.55	3.44	3.38	3.34	3.30	3.23
8	5.32	4.46	4.07	3.84	3.69	3.58	3.50	3.44	3.39	3.35	3.28	3.26	3.15	3.08	3.04	3.01	2.93
9	5.12	4.26	3.86	3.63	3.48	3.37	3.29	3.23	3.18	3.14	3.07	3.05	2.16	2.07	2.03	1.98	1.88
10	4.96	4.10	3.71	3.48	3.33	3.22	3.14	3.07	3.02	2.98	2.91	2.89	2.77	2.70	2.66	2.62	2.54
11	4.84	3.98	3.59	3.36	3.20	3.09	3.01	2.95	2.90	2.85	2.79	2.76	2.65	2.57	2.53	2.49	2.40
12	4.75	3.89	3.49	3.26	3.11	3.00	2.91	2.85	2.80	2.75	2.69	2.66	2.54	2.47	2.43	2.38	2.30
13	4.67	3.81	3.41	3.18	3.03	2.92	2.83	2.77	2.71	2.67	2.60	2.58	2.46	2.38	2.34	2.30	2.21
14	4.60	3.74	3.34	3.11	2.96	2.85	2.76	2.70	2.65	2.60	2.53	2.51	2.39	2.31	2.27	2.22	2.13
15	4.54	3.68	3.29	3.06	2.90	2.76	2.71	2.64	2.59	2.54	2.48	2.45	2.33	2.25	2.20	2.16	2.07
16	4.49	3.63	3.24	3.01	2.85	2.74	2.66	2.59	2.54	2.49	2.42	2.35	2.28	2.19	2.15	2.11	2.01
17	4.45	3.59	3.20	2.96	2.81	2.70	2.61	2.55	2.49	2.45	2.38	2.31	2.23	2.15	2.10	2.06	1.96
18	4.41	3.55	3.16	2.93	2.77	2.66	2.58	2.51	2.46	2.41	2.34	2.27	2.19	2.11	2.06	2.02	1.92
19	4.38	3.52	3.13	2.90	2.74	2.63	2.54	2.48	2.42	2.38	2.31	2.23	2.16	2.07	2.03	1.98	1.88
20	4.35	3.49	3.10	2.87	2.71	2.60	2.51	2.45	2.39	2.35	2.28	2.25	2.12	2.04	1.99	1.95	1.84
30	4.17	3.32	2.92	2.69	2.53	2.42	2.33	2.27	2.21	2.16	2.09	2.06	1.93	1.84	1.79	1.74	1.62
40	4.08	3.23	2.84	2.61	2.45	2.34	2.25	2.18	2.12	2.08	2.00	1.97	1.84	1.74	1.69	1.64	1.51
60	4.00	3.15	2.76	2.53	2.37	2.25	2.17	2.10	2.04	1.99	1.92	1.89	1.75	1.65	1.59	1.53	1.39
∞	3.84	3.00	2.60	2.37	2.21	2.10	2.01	1.94	1.88	1.83	1.75	1.72	1.57	1.46	1.39	1.32	1.00
（ν_2）																	

付録８　ｒ表（相関係数）

通常、両側検定で実施し、その場合 P の値を２倍する。

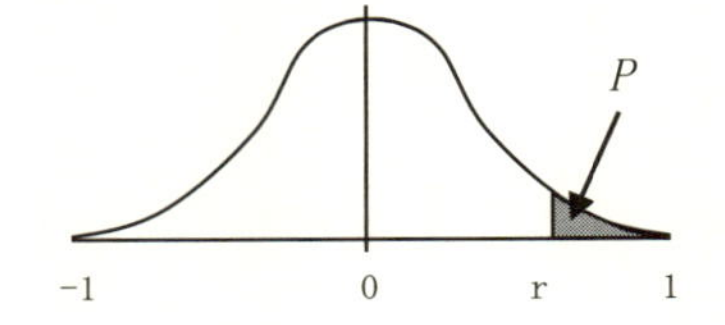

P	0.025	0.005
両側検定	0.05	0.01
ν		
10	0.5760	0.7079
11	0.5529	0.6835
12	0.5324	0.6614
13	0.5139	0.6411
14	0.4973	0.6226
15	0.4821	0.6055
16	0.4683	0.5897
17	0.4555	0.5751
18	0.4438	0.5614
19	0.4329	0.5487
20	0.4227	0.5368
25	0.3809	0.4869
30	0.3494	0.4487
35	0.3246	0.4182
40	0.3044	0.3932
50	0.2732	0.3541
60	0.2500	0.3248
70	0.2319	0.3017
80	0.2172	0.2830
90	0.2050	0.2673
100	0.1946	0.2540
近似式	$\dfrac{1.960}{\sqrt{\nu+1}}$	$\dfrac{2.576}{\sqrt{\nu+3}}$

付録９　用語

記号	読み方	意味
α	アルファ	有意水準、危険率
β	ベータ	信頼区間
σ	シグマ	母標準偏差
σ^2	シグマ２乗	母分散
Σ	シグマ	和
μ	ミュー	母平均
θ	シータ	母数
ν	ニュー	自由度
Φ	ファイ	空集合
χ^2	カイ２乗	カイ２乗分布値
n	エヌ	標本データ数
N	エヌ	母集団データ数
r	アール	相関係数
s	エス	標本標準偏差
s^2	エス２乗	標本分散
S	エス	偏差平方和
S_{xy}	エスエックスワイ	共分散
t	ティー	t 分布値
V	ラージブイ	標本分散
$\bar{x}$	エックスバー	標本平均
z	ゼット	標準正規分布値
$A \cup B$	Ａカップ B （A or B）	ＡまたはＢのおこる事象
$A \cap B$	Ａキャップ B （A and B）	ＡかつＢのおこる事象
nCx	エヌシーエックス	n 個から x 個とる組合せ
P(x)	ピーエックス	x のとる確率

演習問題の解答

１章の解答

演習 1.1　省略

２章の解答

演習 2.1　(1)14　、(2)1.67　、(3)6.5

演習 2.2　例えば、性別（男性、女性）で海外旅行の興味に差違があるのか。

３章の解答

演習 3.1　$P(S)=0.99\times 0.98\times 0.999=0.969$

演習 3.2　$E(x)=1.5$

演習 3.3　$E(x)=30$ 円

演習 3.4　$P(x \leqq 3)=0.984$

演習 3.5　(1) $P(x>168)=0.0548$　、(2) $P(x<152.8)=0.0749$　、(3) $P(156.4<x<166)=0.6491$

演習 3.6　(1)$T=65$　、(2)$T=42.5$　、(3)$P(x<64)=0.2266$

演習 3.7　省略

演習 3.8　(1) 0.106　、(2) 0.048　、(3) 16.975g

演習 3.9　$P(0)=0.0260$, $P(1)=0.1171$, $P(2)=0.2341$, $P(3)=0.2731$, $P(4)=0.2048$,
$P(5)=0.1024$, $P(6)=0.0341$, $P(7)=0.0073$, $P(8)=0.0009$, $P(9)=0$

演習 3.10　$P(x<3)=0.179$ (17.9%)

演習 3.11　$P(p>0.3)=0.006$ (0.6%)

演習 3.12　(1)$P(x>121.5)=0.0668$ (6.68%)
(2) $P(x<119.52)=0.3156$ (31.56%)
(3) $P(117.42<x<122.58)=0.9902$ (99.02%)

４章の解答

演習 4.1　(1)$19.17<\mu<21.63$
(2)$18.93<\mu<21.87$

演習 4.2　(1)$170.2<\mu<249.8$
(2)$137.0<\mu<283.0$

演習 4.3　(1)$199.7<\mu<220.3$
(2)$196.0<\mu<224.0$

演習 4.4　$0.686<p<0.814$

５章の解答

演習 5.1　$H_0 : \mu = 8.4$、$H_1 : \mu \neq 8.4$、$|u_0| = 0.303 < 1.960$

演習 5.2　$H_0 : \mu = 10.5$、$H_1 : \mu \neq 10.5$、$|t_0| = 5.309 > t(10,\ 0.025) = 2.228$

演習 5.3　$H_0 : \mu = 220$、$H_1 : \mu \neq 220$、$|t_0| = 0.7194 < t(9,\ 0.025) = 2.262$

演習 5.4　$H_0 : \mu_A = \mu_B$、$H_1 : \mu_A \neq \mu_B$、$|t_0| = 1.257 < t(22,\ 0.025) = 2.074$

演習 5.5　$H_0 : \mu_A = \mu_B$、$H_1 : \mu_A \neq \mu_B$、$|t_0| = 4.207 > t(18,\ 0.025) = 2.101$

演習 5.6　$H_0 : \mu_A = \mu_B$、$H_1 : \mu_A \neq \mu_B$、$|t_0| = 0.613 < t(13,\ 0.025) = 2.160$

演習 5.7　$H_0 : \mu_A = \mu_B$、$H_1 : \mu_A \neq \mu_B$、$|t_0| = 3.928 > t(16,\ 0.025) = 2.120$

演習 5.8　$H_0 : \mu_d = 0$、$H_1 : \mu_d \neq 0$　$|t_0| = 0.921 < t(8,\ 0.025) = 2.306$

演習 5.9　$H_0 : \mu_d = 0$、$H_1 : \mu_d \neq 0$　$|t_0| = 1.194 < t(9,\ 0.025) = 2.262$

演習 5.10　$H_0 : \sigma^2 = 0.3^2$、$H_1 : \sigma^2 \neq 0.3^2$、$\chi_0^2 = 27.8 > \chi_8^2(0.025) = 17.53$

演習 5.11　$H_0 : \sigma^2 = 2.0^2$、$H_1 : \sigma^2 \neq 2.0^2$、$\chi_0^2 = 50.0 > \chi_{11}^2(0.025) = 21.9$

演習 5.12　$H_0 : \sigma_A^2 = \sigma_B^2$、$H_1 : \sigma_A^2 \neq \sigma_B^2$、$F_0 = 3.031 < F_{11}^{11}(0.025) = 3.47$

演習 5.13　$H_0 : \sigma_A^2 = \sigma_B^2$、$H_1 : \sigma_A^2 \neq \sigma_B^2$、$F_0 = 15.982 < F_9^9(0.025) = 4.03$

演習 5.14　$H_0 : P = 0.18$、$H_1 : P \neq 0.18$、$|u_0| = 2.212 > 1.960$

演習 5.15　$H_0 : m_A = m_B$、$H_1 : m_A < m_B$、$|u_0| = 1.00 < 1.960$

演習 5.16　$\chi^2 = 8.696 > \chi^2(1, 0.01) = 6.635$

６章の解答

演習 6.1　相関係数　$r = 0.8355$

演習 6.2　相関係数　$r = 0.8411$

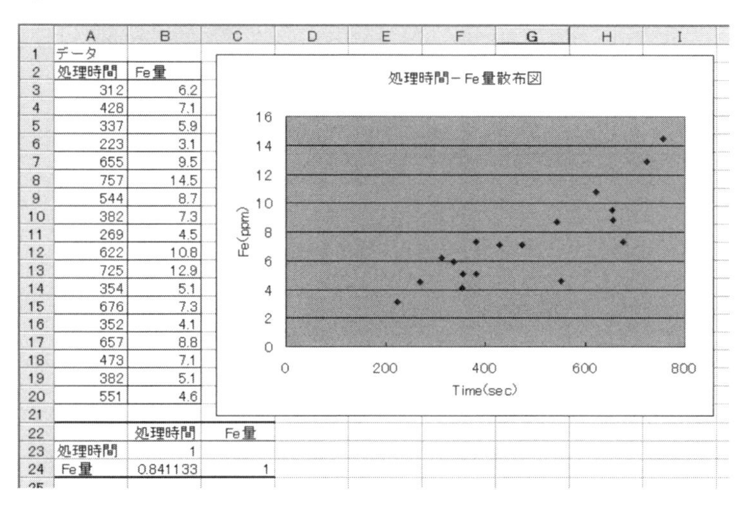

	A	B	C
1	データ		
2	処理時間	Fe量	
3	312	6.2	
4	428	7.1	
5	337	5.9	
6	223	3.1	
7	655	9.5	
8	757	14.5	
9	544	8.7	
10	382	7.3	
11	269	4.5	
12	622	10.8	
13	725	12.9	
14	354	5.1	
15	676	7.3	
16	352	4.1	
17	657	8.8	
18	473	7.1	
19	382	5.1	
20	551	4.6	
21			
22		処理時間	Fe量
23	処理時間	1	
24	Fe量	0.841133	1

演習 6.3　$H_0 : \rho = 0$、$H_1 : \rho \neq 0$、$r = 0.8355 > r(16, 0.01) = 0.5897$

演習 6.4　$y = -0.026x + 10.202$

演習 6.5　$y = 1.747x + 35.56$

参考図書

大村　平：確率のはなし、日科技連、１９６８年
大村　平：統計のはなし、日科技連、１９６８年
森口繁一：品質管理講座　新編統計的方法、日本規格協会、１９７６年
P.G.ホーエル著、浅井晃、村上正康訳：初等統計学、培風館、１９８１年
羽鳥裕久：あたらしい統計学、培風館、１９８４年
谷津　進：すぐに役立つ実験の計画と解析、日本規格協会、１９９１年
谷津　進：統計的検定・推定Ｉ、日本規格協会、１９９２年
石村貞夫：すぐわかる統計解析、東京図書、１９９３年
岩永雅也、大塚雄作、高橋一男：社会調査の基礎、日本放送出版協会、１９９６年
石村園子：すぐわかる確率・統計、東京図書、２００１年
内田治、醍醐朝美：実践アンケート調査入門、日本経済新聞社、２００１年
涌井良幸、涌井貞美：Excel で学ぶ統計解析、ナツメ社、２００３年
盛山和夫：統計学入門、放送大学教育振興会、２００４年

索　引

■ま行

■や行

■ら行

■わ行

●著者紹介●
市川　博（いちかわ　ひろし）
　大妻女子大学　家政学部　教授
本多　薫（ほんだ　かおる）
　山形大学　人文学部　教授
中藤哲也（なかとう　てつや）
　中村学園大学　栄養科学部　准教授
本間　学（ほんま　まなぶ）
　中村学園大学　非常勤講師

Excelによる統計解析入門

2019年8月30日　第1版第1刷発行

著　者　市川　博・本多　薫・中藤　哲也・本間　学
発行者　田中　久喜
編集人　久保田　勝信
発行所　株式会社　日本教育訓練センター
　　　　〒101-0051　東京都千代田区神田神保町1-3　ミヤタビル2F
　　　　TEL　03-5283-7665
　　　　FAX　03-5283-7667
　　　　URL　https://www.jetc.co.jp/
印　刷　株式会社 シナノ パブリッシング プレス
製　本　越後堂製本

ISBN 978-4-86418-096-2　< Printed in Japan >
乱丁・落丁の際はお取り替えいたします.